# 물리학의 숲에서

정태성

## 머리말

얼마 전에 숲에 간 적이 있었습니다. 그곳에는 제가 처음 보는 나무와 꽃들, 예쁜 나비를 비롯한 수많은 곤충들, 다람쥐와 새들을 포함한 많은 동물들도 있었습니다. 신선한 공기는 아마 보너스였던 것 같습니다.

물리학의 숲에는 어떤 것들이 있을까요? 물리학에 대한 수많은 것들이 그 숲에는 있을 것입니다. 저는 물리학의 숲에 있는 모든 것을 사랑합니다. 어떤 것을 골라 다른 사람들에게 보여 줄까 고민도 많이 하지만, 그냥 두서없이 골라 보았습니다. 왜냐하면 어차피 계속해서 이러한 작업을 할 생각이기 때문입니다.

동안 과학에 대한 쓴 글 중 물리학에 대한 것을 모았습니다. 비록 여러분의 기호가 맞지 않는 것이 있어도 호기심만 가지고 있다면 물리학의 숲에 있는 모든 것이 흥미로울 것이라 생각됩니다.

2023. 5.
저자

차례

# 1. 지구의 자전축은 항상 23.5도일까?

지구의 자전축이 23.5도라는 사실은 대부분 잘 알고 있다. 이 자전축의 기울기는 항상 일정하게 유지되고 있는 것일까? 그렇지 않다. 지구의 자전축은 주기적으로 약간씩 변하고 있다. 23.5도라는 숫자는 평균에 불과하다.

지구 자전축의 크기는 최소 22.1도에서 최대 24.5도 사이에서 주기적으로 변하고 있다. 그 주기는 약 41,000년 정도 되며 서서히 변하기 때문에 우리가 살아있는 동안에는 인식하기 매우 어렵다.

지구의 자전축이 변하게 되면 어떠한 일이 발생할까? 지구의 자전축이 23.5도 보다 크게 되면 여름에는 태양의 고도가 더 높아지게 되므로 지구가 받는 태양 에너지를 더 많아질 수밖에 없다. 따라서 여름의 평균기온은 올라가게 된다. 겨울에는 태양의 고도는 더 낮게 되고 이로 인해 겨울에 지구가 받는 태양 에너지의 양은 적어져서 온도는 내려가게 된다. 이로 인해 지구의 자전축이 23.5도 보다 큰 경우에는 지구 기온의 연교차가 더 커질 수밖에 없다. 이런 경우 지구의 계절 차이는 더 크게 된다.

지구의 자전축이 23.5보다 작게 되면 이와 반대의 현상이 생긴다. 즉, 여름에는 태양의 고도가 더 낮아져서 태양 에너지의 양이 줄고, 겨울에도 태양의 고도는 더 높게 되어 태양 에너지의 양은 많아지게 된다. 이로 인해 지구 기온의 연교차는 작아지게 된다.

현재 지구의 자전축은 중간값 정도에 위치하고 있으며 앞으로 약 10,000년이 지나고 나면 최솟값에 도달하게 된다. 만약 그렇게 되면 계절 변화의 정도가 줄어들게 되어 여름 평균기온은 내려가고 겨울 기온은 올라가게 된다.

지구의 공전 궤도는 어떠할까? 지구는 항상 태양으로부터 일정한 거리를 유지하고 있는 것일까? 그렇지 않다. 지구의 공전 궤도도 주기적으로 변하고 있다. 그 주기는 약 10만 년 정도 된다. 지구는 더욱 구형에 가깝다가 시간이 지나면서 조금씩 변화가 생겨 타원형으로 변하게 된다. 물론 아주 원에 가까운 타원형이다. 타원의 모양은 이심률에 따라 정해지는데 이심률이 커지면 태양과의 거리에 있어 변화가 커져서 지구에 미치는 일사량의 변화도 심해질 수밖에 없다.

지구의 자전축의 변화와 공전 궤도의 변화는 지구에 어떠한 영향을 끼치게 될까? 이러한 현상은 거시적으로 본다면 지구 자체의 생태계에 도움이 될 수 있다고 생각된다. 물론 우리 인간의 입장에서 본다면 계절이 변화로 인해 날씨를 탓하고 불만이 있을 수 있겠지만 그러한 식견은 인간의 입장에서만 판단해서 그럴 뿐이다. 지구의 조그마한 변화는 지구 자체를 놓고 볼 때는 지구에게 전체적인 생명력을 불어넣어 주는 효과가 있다. 이러한 자연 현상이 유지되는 것이 바로 자연의 법칙이다. 하지만 이러한 법칙을 인간은 스스로 깨버리는 경향이 있다. 지구의 수명은 약 50억 년이고 그 위에 살고 있는 모든 생명체는 커다란 문제가 없다면 자신의 수명을 다할 수 있다. 하지만 인간의 욕심이 그러한 법칙을 깨버리게 될 수도 있다. 이것은 지구의 일원으로서 살아가야 할 의무를 스스로 포기하는 것과 마찬가지인 것이다. 지구 전체를 생각하는 현명한 인류를 기원하는 것은 무리인 것일까?

## 2. 박쥐와 초음파

박쥐는 자신의 먹잇감을 위해 초음파를 사용한다. 초음파란 인간이 들을 수 있는 소리의 진동수보다 높은 진동수를 갖는 소리를 말한다. 인간은 보통 진동수가 20~20,000Hz 범위를 들을 수 있다. 따라서 20,000Hz가 넘는 진동수의 소리가 초음파가 된다.

일부 동물들은 이러한 인간이 사용할 수 없는 음파의 범위를 넘어선 초음파를 종종 사용하곤 한다. 그들은 이러한 초음파를 들을 수도 있고 발생시킬 수도 있다. 초음파는 파장이 짧으므로 물체에 부딪혀 반사되어 나오는 것을 통해 형태를 정밀하게 파악하는 데 많이 사용한다. 특히 물속에서 음파가 잘 진행하기 때문에 이를 이용하여 물속의 물체나 지형을 파악하는 데 이용한다.

박쥐는 어떻게 이러한 초음파를 공기 중에서도 사용하는 것일까? 박쥐는 보통 인간이 들을 수 있는 음파보다 백배 이상이 되는 초음파를 이용할 수 있다. 박쥐는 스스로 이렇게 진동수가 매우 높은 초음파를 발생시켜 주위에 내보내고 이 초음파가 물체에 부딪쳐 되돌아오는 반사파를 통해 방향을 잡고, 반사파가 돌아오는 시간을 이용하여 거리를 감지하게 된다.

박쥐는 자신의 먹잇감을 사냥할 때 초음파를 이용해 우선 먹잇감을 탐지한다. 탐지할 때는 1초에 약 10회 정도 규칙적으로 초음파를 쏘게 된다. 만약 사냥감이 어디에 있는지 탐지되면 박쥐는 펄스 사이의 간격을 짧게 하면서 먹잇감에 접근한다. 이때에는 초음파를 1초에 약 100회~200회 정도로 쏘아 보낸다. 사냥감의 위치와 정확한 거리에 대한 정보를 여기서 얻게 된다. 그렇게 박쥐는 먹잇감에 다가가서 포획하게 된다.

박쥐는 왜 이렇게 초음파를 사용하여 먹잇감을 사냥하는 것일까? 박쥐가 주로 사는 공간은 동굴같이 깜깜한 곳에서 생활하고 있다. 그렇기에 박쥐는 빛을 이용하기는 어렵다. 박쥐에게 눈은 있지만 사실 시력은 무용지물이라는 뜻이다. 실제로 박쥐의 눈은 진화적으로 퇴화되어 있어 별 쓸모가 없다. 쉽게 말해서 박쥐는 눈을 가지고는 자신의 생존에 있어서 전혀 도움이 되지 못한다는 뜻이다. 박쥐는 자신의 생명을 위해서는 결국 다른 방법이 필요할 수밖에 없었던 것이다. 어두운 곳에서도 죽지 않고 살아남을 수 있는 방법은 스스로 초음파를 발생시켜 이를 이용하여 먹잇감을 찾아내는 것이 가장 좋은 방법이었던 것이다.

아무리 어려운 환경이라고 할지라도 방법은 존재힌디. 히지만 그러한 방법은 스스로 포기하지 않아야만 알 수가 있다. 모든 생명체는 살아가라고 태어난 것이지 환경을 탓하면서 스스로 절망 속에 지내라고 태어난 것이 결코 아니다. 박쥐는 본능적으로 그것을 알고 있을 뿐이다.

## 3. 우주의 가장 중요한 원소인 수소

우주에는 네 가지의 힘이 존재한다. 그중 만유인력은 우주의 진화와 별의 형성에 중요한 역할을 하며, 강한 핵력은 핵융합 과정에서 별의 자체 중력을 지탱하는데 중요하다. 약한 핵력은 업쿼크와 다운쿼크를 뉴트리노로 분해하여 중성자를 양성자로 바꾸어준다. 별의 내부에 무거운 원소가 만들어지고 초신성 폭발을 일으키게 하는 것도 약력이다. 전자기력은 원자의 내부에서 전자를 원자핵에 구속되도록 한다. 우주의 초기에 우주배경복사가 방출된 것도 전자기력 때문이었다. 전자기력이 우주의 냉각과정을 돕지 않았다면 별과 은하는 아예 만들어지지 못했을 것이다.

우주공간에서 거대한 기체 구름과 먼지구름은 차갑고 어두운 성간사이에 방치되어 있다. 이러한 구름이 없는 공간에는 1세제곱센티미터의 부피 안에 입자가 수백 개 정도밖에 존재하지 않는다.

수소 분자는 기체의 냉각에 중요한 역할을 하면서 최초의 별이 탄생하게 된다. 수소 원자와 전자가 충분히 많이 존재하고 여러 가지 조건이 맞게 되면 수소 분자가 형성된다. 개개의 수소 원자는 양성자 1가 원자핵을 구성하고, 전자 1개가 그 주위를 돌면서 일종의 정상파를 형성한다. 양성자와 전자 사이에는 전자기력이 작용하여 전자의 궤도 이탈을 방지해 준다. 2개의 수소 원자가 가까이 접근할 때 발생하는 일은 전자궤도 사이의 상호작용에 의해 결정된다.

수소 원자가 가까이 접근하면 2개의 1s 궤도가 결합하여 2개의 새로운 궤도가 형성된다. 그중 한 경우를 '보강 겹침'이라 하고 다른 한 경우를 '상쇄 겹침'이라고 한다. 전자궤도에 보강 겹침이 일어나면 1s보다 낮은 에너지 궤도가 형성되는데, 이것을 결합성 궤도라고 한다. 각 수소 원자에 1개씩 존재했던 2개의 전자는 수소 분자 전체를 아우르는 기다란 모양의 궤도에 놓이게 된다. 원자가 따로 존재할 때 에너지와 결합 후 에너지 차이를 결합에너지라고 하는데 이것이 화학결합의 강도를 나타낸다.

파울리의 배타원리에 따르면 2개 이상의 입자는 동일한 양자상태를 점유하지 못한다. 따라서 2개의 전자가 하나의 궤도를 공유하려면 스핀이 서로 반대 방향이어야 한다. 결합성 궤도는 흔히 시그마라고 불리는데, 두 궤도가 상쇄 겹침으로 결합하여 원래의 1s보다 에너지준위가 높아진 궤도를 반결합성 궤도라고 하고, 1s보다 에너지준위가 낮아진 궤도는 결합성 궤도라 한다.

이렇게 2개의 수소원자로 결합된 수소 분자는 우주에 있어서 가장 중요한 물질의 근원이 된다. 만약에 우주에 수소가 없다면 어떻게 되었을까? 상상하기조차 어려운 일이 일어났

을 것이다. 수소는 아무것도 아닌 것 같지만 우주 전체에서
가장 중요하다.

## 4. 홀로그램 원리


헝가리 출신의 영국 물리학자 데니스 가보르(Dennis Gabor)는 1948년 홀로그램 원리를 발견하여 1971년 노벨 물리학상을 수상하였다.

홀로그램이란 두 개의 레이저 빛이 만나 일으키는 빛의 간섭 효과를 이용하여 3차원 입체 영상을 기록하는 것을 말한다. 이러한 것을 가능하게 하는 기술적 과정과 원리를 홀로그래피(holography)라고 하는데 이것은 피사체의 모든 정보를 기록하는 기술이라는 뜻이다. 어원적으로 생각해 보면 홀로(holos)란 완전하다는 뜻이며, 그램(gram)이란 그림이란 뜻이다. 데니스 가보르는 광선의 간섭 효과를 극대화할 수 있는 레이저 광선을 발견하여 홀로그램의 기술이 본격적으로 발전할 수 있는 기초를 마련하였다.

일반 사진의 경우에는 태양이나 조명에 의해 피사체에서 반사되는 빛을 렌즈를 통해 만들어지는 상을 기록하지만, 홀로그래피는 피사체로부터 반사된 물체파와 어떤 정보도 가지고 있지 않은 기준파를 이용하여 두 개의 빛이 만날 때 생기는 간섭무늬의 정보를 3차원 영상으로 기록한다.

사진은 물체의 밝고 어두운 모습인 진폭만 기록하지만, 홀로그래피는 빛의 세기와 함께 위상 정보까지 저장할 수 있다. 즉 사진은 3차원 물체를 2차원으로 기록할 수밖에 없지만, 홀로그래피는 3차원으로 재현해 낼 수 있다. 3차원으로 재생하기 위해서 홀로그래피는 2개 이상의 빛이 만나 위상이 바뀌는 간섭무늬 현상을 이용하게 된다. 이러한 빛을 저장하기 위해서는 빛의 파동 위상이 일치하는 광원이 필요한데 레이저가 개발됨으로써 이를 가능하게 만들었다.

홀로그램의 가장 큰 특징은 일부의 정보로 많은 정보를 알아낼 수 있다는 것이다. 예를 들어 어떤 간섭무늬에 해당하는 하나의 파장은 정확하게 그 대상의 정보 전체를 알 수 있다. 다시 말해 홀로그램에서의 파장이라는 것은 작은 한 부분의 파장 속에 전체적인 정보 전부를 저장할 수 있다는 뜻이다.

우리의 삶에 있어서도 정말 중요한 삶의 원리를 깨달을 수 있다면 삶의 전체적인 모습을 이해하게 될지도 모른다. 삶에는 수많은 일들과 사람들로 얽혀 있지만, 그 많은 것들을 관통하는 원리는 무엇일까? 만약 우리가 그러한 원리를 깨닫고 이를 바탕으로 살아간다면 한결 편안하고 행복한 삶을 누리게 될지도 모른다. 홀로그램의 원리는 삶에도 적용되는 것이 아닐까?

## 5. 우주 탄생 후 최초의 핵은 어떻게 만들어졌을까?

   우주가 탄생하고 나서 약 100초 정도가 지나게 되면 우주의 온도는 절대 온도 10억도 아래로 떨어지게 된다. 이로 인해 약력은 양성자와 중성자의 수가 일정한 비율이 될 수 있도록 균형을 만든다. 하지만 중성자는 본래 불안정하다. 왜냐하면 중성자를 이루는 다운쿼크 중 하나가 약력을 받아 업쿼크로 쉽게 변하기 때문이다. 이를 자유 중성자라고 하는데 자유 중성자의 반감기는 약 610초 정도 된다. 자유 중성자는 대폭발 후 100만분의 1초가 지난 후부터 존재해 왔다. 불안정한 중성자는 빅뱅 후 100초가 지났을 무렵 이미 전체의 25%가 붕괴된다. 이로 인해 이 무렵의 양성자와 중성자의 비율은 7:1이 된다.

   우주의 온도가 10억도 정도에 이르렀을 때 약력에 의해 중성자와 양성자의 비율이 균형을 이루면서 중성자는 양성자와 핵반응을 일으켜 더 무거운 핵을 만들기 시작한다. 이때부터 본격적으로 핵 합성이 시작된다. 핵 합성은 한 개의 양성자와 한 개의 중성자가 결합하면서 시작된다. 양성자가 중성자를 포획하면 중수소가 되는데 양성자와 중성자는 중수소 안에서 안정한 상태를 유지할 수 있다. 중수소의 에너지는 자유 양성자와 자유 중성자의 에너지를 더한 값보다 작다. 이 차이가 바로 결합에너지에 해당된다.

중수소의 핵 내부에서 양성자와 중성자를 결합시키는 힘은 강한 상호작용이다. 이 힘은 양성자와 중성자, 양성자와 양성자, 중성자와 중성자 사이에 작용하는 것으로 파이온이 이 힘의 매개 입자가 된다.

이렇게 중수소 핵이 충분히 만들어지면 그다음에 일어나는 일은 핵반응의 상대적인 속도에 따라 달라진다. 이는 핵 합성이 시작되는 무렵인 우주의 초기 조건에 따라 달라질 수밖에 없다.

중수소의 핵이 다른 중성자와 만나 삼중수소가 되면서 광자를 방출한다. 또한 중수소가 다른 중수소와 반응하여 삼중수소가 되면서 자유 광자를 방출할 수도 있고, 양성자 2개와 중성자 1개로 이루어진 불안정한 헬륨이 될 수도 있다. 이러한 불안정한 헬륨은 자유 중성자와 마찬가지로 약력의 영향을 받는다. 불안정한 헬륨은 삼중수소와 반응하여 안정한 헬륨의 핵이 될 수 있다. 이렇게 만들어진 양성자 2개와 중성자 2개로 이루어진 헬륨은 모든 원자핵 중에서 가장 안정한 종류에 속한다. 불안정한 헬륨이 베릴륨의 동위원소로 변하거나 리튬의 동위원소로 변하는 과정에서 안정한 헬륨은 빠르게 늘어나면서 우주에는 상당량의 안정한 헬륨이 축적되는 것이다.

우주 초기, 원시핵합성이 끝나던 무렵 우주의 전체 질량에서 안정한 헬륨이 차지하는 비율은 약 24% 정도 된다. 나머지 약 76%는 우주에서 가장 중요한 수소의 원자핵이었다.

이렇듯 원시핵합성은 전하를 띤 플라즈마 속의 양성자, 중성자, 전자, 광자를 양전하를 띤 수소 원자핵과 양전하를 띤 안정한 헬륨의 원자핵 그리고 전자와 광자로 바꾸어 놓았다.

## 6. 은하단은 어떻게 만들어질까?

무리를 이루는 은하들은 중력적으로 서로 묶여 있다. 행성들이 태양 주위를 궤도 운동하듯이 하나의 은하군에 존재하는 은하들은 서로 서로의 주위를 돌고 있다. 우주 공간 사방으로 흩어지지 않고 제한된 영역에 그대로 머물러 있는 것은 그들 상호 간에 작용하는 중력 덕분이다. 은하군은 우주에서 매우 흔한 존재이며, 은하군 하나에 보통 10 내지 100여 개의 은하가 존재한다. 때로는 훨씬 더 많은 수의 은하들이 한 군데 몰려 있기도 하다. 거대한 은하단의 경우, 한 개의 은하단에 1,000개 이상의 은하들이 있다. 우리에게 가장 가까이 있는 은하단은 처녀자리 은하단인데 우리에게서 약 6천만 광년 떨어져 있고, 이 은하단에는 1,000개 이상의 은하들이 존재한다. 이보다 더 큰 은하단으로 머리털자리 은하단이 있는데, 이것은 약 4억 광년의 거리에 있다. 머리털자리 은하단은 은하들이 초속 수천 킬로미터의 속력으로 상대 운동하고 있다. 은하 내부에 있는 별들의 운동 속력에 비하면 은하의 궤도 운동 속력은 무척 빠른 값이다.

나선 은하의 내부 성간 공간에서 기체를 발견할 수 있듯이 은하단 내부 공간에서도 기체의 존재를 알 수 있다. 은하 간 기체는 여러 작용에 의하여 가열된다. 초음속으로 빨리 움직이던 어떤 은하가 주위의 은하 곁을 지나면 은하 내부에 충격파가 발생하며, 이 때문에 기체는 가열되기도 한다. 은하단 내부의 기체는 태초부터 가열되어 있었을지도 모른다. 밀도가 희박하면 가열된 기체가 냉각하는 데 아주 오랜 시간이 필요하다. 은하 간 기체의 밀도는 매우 희박하므로, 이 기체는 수억 도에 이르는 높은 온도를 오랫동안 유지할 수 있다. 이 정도로 높은 온도의 물질에서는 엑스선이 방출된다. 파장이 짧은 엑스선이나 자외선은 지구 대기를 통과하면서 흡수되기 때문에 거대은하단에서 방출되는 엑스선 복사를 관측하려면 인공위성을 대기 밖으로 올려야 한다.

인공위성 관측을 통하여 거대은하단에 상당한 양의 고온 기체가 존재함이 알려졌다. 눈에 보이는 별만큼이나 많은 양의 고온 기체가 거대은하단에 넓게 퍼져 있는 듯하다. 은하 간 기체에서 방출되는 엑스선 스펙트럼에는 흡수선이 적어도 한 개는 보이는데 이것은 전리된 철 이온에 기인한 것으로 알려졌다. 중성의 철 원자는 전자를 26개 가지고 있는데, 이 중에 한두 개만 남긴 채 나머지 전자들이 모두 전리되어 떨어져 나간 철 이온에서 방출되는 스펙트럼선이다. 은하 간 기체는 철 원자를 이처럼 고도로 전리시킬 수 있다. 온도가 낮은 기체에서는 충돌 빈도가 매우 낮기 때문에 원자들이 쉽게 전리될 수 없다. 은하단 안에 은하 간 기체로 존재하는 철의 수소에 대한 함량비를 조사해 보면, 태양에서의 철의 함량비에 비하여 크게 적지는 않다. 왜냐하면, 은하 간 기체는 은하로 수축하고 남은 원시 물질이라고 생각되었기 때문이다. 은하 간 기체가 원시 물질이 아니라면, 은하 형성에 원시 물질이 모두 쓰여졌음을 의미한다.

철은 항성 진화의 최종 산물이라는 점을 상기할 때, 어떤 과정을 통해서인지 항성 내부에서 생성된 철이 은하로부터 방출되어 은하 간 공간에 유입되었음이 틀림이 없다. 은하는 나이를 먹으면 먹을수록 점점 더 어두워진다. 은하 형성의 초기 단계에는 질량이 매우 크고 밝은 별들이 많이 존재했을 것이다. 질량이 크므로 이러한 별들의 진화는 신속하게 진행되었을 것이다. 행성상 성운의 단계를 거쳐서 결국에 신성이나 초신성으로 폭발하면서 자신의 외곽층을 밖으로 터뜨려 내보내 거기에 갖고 있던 중원소를 외부 공간에 공급했을 것이다. 이러한 과정을 거쳐서 중원소를 갖게 된 기체가 바로 은하 간 공간에 존재하는 은하 간 물질의 근원이라고 믿어진다.

## 7. 전자는 어떻게 발견되었을까?

 

 

 

1897년 영국의 케임브리지 대학 교수였던 J. J. 톰슨은 음극선을 연구하고 있었다. 톰슨과 동료 과학자들은 공기를 거의 제거한 유리관 속에 두 개의 금속판을 세우고, 그 사이에 높은 전압을 걸어 한쪽은 양극이 되게 하고 다른 한쪽은 음극이 되게 대전시키면, 음극에서 양극으로 일종의 '선'이 흘러간다는 것을 알았다. 음극을 캐소드라고 불렀기에 정체 모를 이 신비한 선을 '캐소드선', 즉 음극선이라고 불렀다.

톰슨은 직선으로 흐르는 음극선에 자기장을 걸어주면 휜다는 사실을 알았다. 톰슨은 그 편향 정도를 측정하여, '선'이란 것이 사실은 음으로 대전된 입자들이라는 것을 알아낼 수 있었다. 또한 자기 편향과 전기 편향을 동시에 적용함으로써 그 입자들의 질량 대 전하비도 측정할 수 있었다. 그 비가 수소 이온의 질량대 전하비보다 최소 1,000배 이상 작다는 것을 알아냈다.

톰슨은 음극선 입자들이 희박한 기체 속을 쉽게 지나다닌다는 사실에 착안하여 입자가 큰 전하를 가졌을 이유는 없으므로 원자에 비해 크기가 매우 작을 것이라고 생각하였다. 그는 "음극선을 이루는 물질은 새로운 상태의 물질이다. 우리는 통상적인 기체 상태보다 한 단계 더 분해된 상태의 물질을 보고 있다." 라고 말하였다. 바로 전자의 최초 발견이었다.

과학자들은 음으로 대전된 가벼운 신종 입자가 원자의 구성 요소란 사실을 알 수 있었다. 과학자들은 원자에 전기적 속성이 있다는 사실을 이미 알고 있었다. 원자는 쉽게 이온화되고, 빛을 방출하는데, 그것은 전자기적 과정의 결과이기 때문이다.

톰슨의 전자 발견은 현대물리학에서 원자의 구조를 정확히 이해하는 데에 가장 중요한 발판이 되었다. 후에 닐스 보어가 1913년 수소 원자 이론을 발표하였고, 뒤를 이어 1920년대 본격적인 양자역학의 이론이 등장하여 원자 구조를 완벽히 이해할 수 있는 계기가 마련되었다. 따라서 톰슨의 전자 발견은 현대물리학의 발전에 있어서 가장 중요한 초석이었다.

J. J. 톰슨

## 8. 이중성

　근대과학을 완성한 뉴턴은 운동의 법칙과 만유인력의 원리를 만들어 낸 것으로 유명하다. 뉴턴은 또한 빛의 정체성에 대해서도 관심이 많았다. 그는 직접 프리즘을 만들어 빛의 분산을 연구하기도 했고, 광학(Optics)이라는 책도 저술하였다. 뉴턴은 어떤 질량을 가지고 있는 입자는 힘을 받으면 힘의 방향으로 직진 운동하는 것에 착안하여, 빛 또한 직진하는 성질이 있기에 빛은 입자라고 주장하였다.

　뉴턴과 비슷한 시기에 활동했던 네덜란드의 과학자 호이겐스는 뉴턴의 빛의 정체성에 대한 이론에 반기를 들었다. 그는 빛의 실험적 성질을 관찰한 결과, 파동으로서만 가능한 빛의 성질들을 알아냈다. 회절, 분산, 굴절 등이 그것이다. 만약 빛이 입자로만 이어져 있다면 이러한 실험 사실들은 불가능하기에 파동일 수밖에 없다고 주장하였다.

　그 이후 영국의 실험물리학자였던 토머스 영은 뉴턴과 호이겐스 중 누구의 주장이 옳은지 알아내기 위하여 면밀한 실험에 착수하였다. 그는 빛의 이중 슬릿 실험을 성공시킴으로써 호이겐스의 이론이 맞음을 확실하게 증명할 수 있었다. 뉴턴의 빛의 입자론은 그의 실험으로 말미암아 종지부를 찍을 수밖에 없었고 그 이후 19세기 말까지 빛은 파동이라는 이론이 대세를 이루게 되었다.

19세기가 다가오면서 물리학의 새로운 실험적 성과들이 나타났는데, 그중에 하나가 광전효과이다. 빛을 금속에 쬐어주면 전원장치가 없이도 어떤 조건하에서 전류가 발생하는 데 이 실험의 결과를 이론으로 분석하기 위해 당시까지 대세였던 빛의 파동성을 적용시켰다. 하지만 빛의 파동성은 광전효과에 있어서 성공적이지 못했다.

이때 등장한 사람이 바로 알버트 아인슈타인이었다. 모든 과학자가 빛의 파동성이 맞는다고 생각하고 있을 때 그는 광전효과를 설명하기 위해 뉴턴의 빛의 입자 이론을 적용시켰다. 다른 사람들의 상상과는 달리 아인슈타인은 빛의 입자설로 광전효과를 완벽하게 설명할 수 있었고 이 결과를 1905년 논문으로 발표했다. 1921년 아인슈타인은 이 광전효과에 대한 업적으로 노벨 물리학상을 수상한다.

그 이후 물리학자들은 빛의 정체성에 대해 심각하게 논쟁을 벌였고, 빛은 파동성과 입자성을 동시에 가지고 있다고 결론을 내렸다. 이것이 바로 빛의 이중성이다. 빛은 어떤 경우에는 파동으로서 작용하고, 어떤 경우에는 입자로 작용하게 된다. 그 상황에 맞는 행동을 취하는 것이다.

우리 인간의 경우 어떤 사람의 성격을 내성적이냐, 외향적이냐 구분하기도 하지만, 대부분의 경우 내성적인 성격과 외향적인 성격을 가지고 있다가, 그 상황에 따라 어떤 때는 내성적인 행동으로, 어떤 때에는 외향적인 행동을 하기도 한다. 우리 내면의 세계에도 그러한 이중성이 존재하는 것이다.

우리 각자의 내면뿐만 아니라 다른 사람을 대하는 데 있어서도 이러한 이중성이 보다 현명할지도 모른다. 대부분의 경우 우리가 어떤 사람을 좋아하게 되면, 그의 모든 것을 다 받아들이고 마음에 들어 한다. 하지만, 어떤 사람을 싫어하거나 미워하게 되면, 그가 가지고 있는 장점에도 불구하고 그의 단점만 말하고 그가 하는 모든 것들을 싫어하게 된다.

오래도록 함께했던 친구나 연인이라도 그 사람이 어느 순간 마음에 들지 않게 되면 더 이상 그와 가까이하지 않는 것과 마찬가지이다. 처음에는 그가 단점이나 부족함이 있음에도 불구하고 그의 모든 것을 다 좋아하다가, 시간이 지나 그가 어느 순간 마음에 들지 않으면 그의 장점에도 불구하고 그의 모든 것을 배척하는 것과 마찬가지이다.

하지만 인간관계에서도 이중성을 생각해보면 어떨까 싶다. 그가 좋은 사람이라는 생각이 들고, 내가 좋아하고 있더라고, 어느 정도 거리를 두고 객관적으로 그를 생각해보는 것이다. 마찬가지로 내가 싫어하고 마음에 들지 않는 사람이라고 하더라도 그는 어느 정도 장점과 배울 점이 있다고 생각하고 그를 아무 생각 없이 내가 싫어한다는 이유를 배척하지 않는 것이다.

대학에도 보면 비슷한 말이 있다.

故好而知其惡(고호이지기오)

惡而知其美者(오이지기미자)
天下鮮矣(천하선의)

그러므로 그를 좋아하면서도 그의 나쁨을 알며,
그를 미워하면서도 그의 좋은 점을 아는 자는 천하에 드물다.


내가 좋아하는 사람이라고 하더라도 그는 완벽하지 않으며,
내가 미워하는 사람이라고 하더라도 그는 좋은 점이 있다는
말이다. 이러한 것을 알고 살아가는 사람은 그리 많지 않기
에, 이러한 사실을 진정으로 알고 이해하는 사람이 현명한 사
람이라는 뜻이다. 대학이란 커다란 배움이기에 이러한 것들을
배워나가는 것이 진정한 앎의 세계라 할 것이다.
　사실 내가 싫어하고 미워하는 사람이 있다면 그가 가지고
있는 많은 장점에도 불구하고 그를 나의 내면에서 밀어내고
배척하는 것이 일반적이다. 나의 마음이 객관적이고 진실한
사실에 미치지 못하기 때문이다. 또한 내가 좋아하는 사람의
경우에는 그의 단점에도 불구하고 그의 모든 것을 긍정적으
로 생각하게 된다. 객관적인 사실을 놓치게 될 수밖에 없다.
　빛의 이중성처럼 우리의 마음에도 이러한 인간관계의 이중
성이 필요하지 않을까 싶다. 내가 아무리 좋아하는 사람이라
고 하더라도 그를 어느 정도 거리를 두고 바라볼 수 있어야
하고, 내가 아무리 미워하고 증오하는 사람이라고 하더라도
그의 장점이나 좋은 점을 있는 그대로 볼 수 있고 받아들일
수 있어야 하지 않을까 싶다. 이러한 것들이 진정으로 인간관

32

계에 있어서 중요하다는 생각이 든다. 나의 편견과 선입견으로 장점이 많은 사람을 잃을 수도 있고, 단점이 있는 사람의 객관적인 현실을 놓칠 수도 있기 때문이다.

빛의 이중성 이론은 빛의 현상에 있어 모든 것이 설명될 수 있었다. 마찬가지로 인간관계의 이중성으로 우리는 더 많은 사람을 사랑하고 오래도록 함께 할 수 있지 않을까 싶다.

## 9. 블랙홀을 찾아서


진화의 마지막 단계에서 질량의 상당 부분을 잃어버리는 별들이 많다. 행성상 성운이 질량 손실 현상의 한 가지 예이다. 행성상 성운의 중앙에는 헬륨을 태우며 에너지를 방출하는 고온의 별이 자리 잡고 있으며, 그 주위를 별에서 떨어져 나온 물질이 고리의 모양을 하고 밝게 빛나고 있다. 별의 초기 질량이 대략 태양의 6배를 넘지 않았다면, 이 별은 행성상 성운의 단계를 지나서 백색왜성으로 된다.

행성상 성운 단계에서 포피부에 있던 수소는 밖으로 방출되고, 탄소로 이루어진 중심핵 부분만이 남아서 백색왜성을 형성하게 된다. 초기 질량이 태양의 6배 내지 8배 미만이면, 진화의 마지막 단계에서 그 별은 완전히 폭발되어 아무것도 남지 않는다. 온도가 높아진다고 해도 축퇴압에는 실질적으로 아무런 변화가 없으므로, 중력 수축 과정을 통하여 많은 양의 열에너지를 중심핵에 부어 넣을 수 있다. 그러다가 중심부 온도가 너무 높아져서 탄소마저 타기 시작하면, 마치 폭탄이 터지듯 별 전체가 격렬하게 폭발해 버리고 만다. 초기 질량이 태양의 8배에서 50배 미만인 별은 여러 단계의 핵융합 반응을 거치면서, 중심에는 태양의 1.5배 정도 되는 철로 구성된 중심핵이 자리 잡는다. 핵연료가 이제는 소진되었으므로, 중심핵은 더 수축하여 중성자별로 되고 포피부는 초신성의 형태로 폭발하여 공간으로 날아가 버린다.

초기 질량이 태양의 50배 이상 되는 별들은 블랙홀로 된다고 알려졌다. 블랙홀로 되는데 필요한 최소의 질량이 정확하게 열려져 있지는 않지만, 질량이 너무 크다면 최후의 수단인 중성자의 축퇴압으로도 중력을 지탱할 수 없게 된다. 따라서 계속되는 수축으로 밀도는 엄청나게 상승되고, 결국 빛마저 빠져나올 수 없게 된다.

아인슈타인은 일반상대성이론을 내놓으면서 우주의 시공구조를 하나의 압축된 다음과 같은 방정식으로 표현했다.

$$R_{\mu\nu} - \frac{1}{2}g_{\mu\nu}R = -8\pi GT_{\mu\nu}$$

아인슈타인의 중력장 방정식은 하나의 방정식으로 깔끔하게 정리된다. 그러나 실제 연구로 들어가서 여기에 담긴 물리적인 의미를 바르게 찾고자 한다면 상황이 달라진다. 우선 중력장 방정식을 여러 개의 복잡한 방정식으로 나누고, 그 각각을 다시 따로 떼어 계산해야 하는데, 그 하나하나가 비선형 편미분 방정식이어서 계산하는 것조차 만만찮은 작업이다. 따로 떼어내 계산한 방정식에는 자연의 비밀이 숨어 있는 미지의 변수가 여러 개씩 딸려 있는데, 그 모두를 이해하고 제대로 해석해내는 것 수학적 풀이 이상의 역량이 요구된다.

그런데 그 첫 번째 결실은 의외로 세상에 일찍 나왔다. 1916년 독일의 천체물리학자 칼 슈바르츠실트는 "아인슈타인의 이론의 한 질점의 중력장에 관해" 라는 논문을 "왕립프로이센 과학 학술원 논문집" 에 발표했다.

슈바르츠실트가 푼 해에는 특이점이 존재했다. 특이점이란 말 그대로 특이한 점이란 뜻으로 수학적으로 표현하면 무한대로 발산하고 미분이 불가능하다는 뜻이다. 이 방정식에서 무한대를 야기하는 특이점의 실체는 다름 아닌 중력이다. 즉 중력이 무한대가 되는 천체를 말한다.

컴퓨터 시뮬레이션으로 표현한 블랙홀

슈바르츠실트가 풀어냈듯이 일반상대성이론은 특이점의 존재 가능성을 예견한다. 하지만 일반상대성이론만 중력이 무한대가 되는 상황을 예상한 건 아니다. 뉴턴의 중력 이론도 특이점이 존재한다. 뉴턴의 만유인력은 거리의 제곱에 반비례하는 힘이다. 거리가 가까울수록 잡아끄는 힘이 더욱 강해진다는 뜻이다. 그래서 거리가 0인 지점에 이르면 만유인력은 무한대가 된다. 지구와 같은 구형의 천체를 예로 든다면, 반지름이 0이 될 때 지구의 중력은 자연스레 무한대가 되는 것이다.

반면 일반상대성이론은 거리에 따른 중력의 변화가 이보다 더 격렬하다고 얘기한다. 그래서 천체의 반지름이 줄어들수록 중력의 세기는 큰 폭으로 강해지다가 반지름이 0이 되기도 전에 중력은 이미 무한대로 도달한다고 한다. 이 지점을 가리켜 중력반지름이라고 부르는데, 슈바르츠실트가 푼 해 속에 이것이 포함되어 있었다. 중력반지름은 아인슈타인의 중력장 방정식을 최초로 풀어낸 슈바르츠실트의 업적을 기려서 슈바르츠실트 반지름이라고 한다.

슈바르츠실트 반지름은 곤혹스러운 문제를 낳는데, 슈바르츠실트 반지름 너머에 있는 공간에 대한 의문이 그것이다. 원점에서 중력이 무한대가 되는 문제야 더는 고려할 필요가 없는 까닭에 별문제가 될 게 없지만, 슈바르츠실트 반지름에는 크기야 어찌 되었든 분명히 공간이 존재한다. 공간은 있는데 중력의 세기는 이미 무한대를 넘어섰다는 사실을 어떻게 해석해야 하고, 또한 그 지역에 어떤 물리적인 의미를 부여해야 하는가라는 문제가 제기되는 것이다. 중력이 무한대가 되면 그 가공할 만한 수축력을 견뎌낼 수 있는 물체는 없을 터이고, 그렇게 되면 시공간의 휘어짐도 극에 달할 터인데, 그런 영역이 실제로 존재할 수 있겠느냐는 것이다.

이런 이유 때문에 당시의 학자들이 슈바르츠실트의 풀이에 더는 관심을 보이지 않았던 것이며, 단지 이론가의 상상 속 산물로 치부해버린 것이다. 20세기 초반의 이런 예측과는 달리 오늘날 슈바르츠실트의 해는 블랙홀이라는 천체로 이어졌고, 슈바르츠실트 반지름은 블랙홀의 표면으로 확인되었다. 우리가 알고 있는 일반적인 사건은 이 선 밖에서 모두 끝이 나고, 그걸 넘어서면 형체의 실재조차 의심스러워진다. 그래서 슈바르츠실트 반지름을 경계로 사건의 존재와 비존재가 나뉜다고 해서 슈바르츠실트 반지름을 "사건의 지평선(Event Horizon)"이라고 한다.

슈바르츠실트가 블랙홀의 존재 가능성을 시사했다면, 찬드라세카와 오펜하이머는 블랙홀이 어떤 과정을 거쳐 형성되는가를 구체적으로 규명했다.

별이 수소를 불살라 열에너지를 내뿜는 과정은 수소 원자 네 개가 모여 헬륨 하나를 만드는 핵융합 반응이다. 이때 핵융합 반응 전과 후에 약간의 질량 차이가 나타난다. 그러니까 반응 후에 생긴 헬륨 원자 하나의 질량이 반은 전에 모인 수소 원자 네 개를 합한 것보다 약간 작다. 이 미세한 질량 차이가 에너지로 전환되어 발산하는 것인데, 이 핵융합 반응 하나에서 나오는 에너지의 양은 그리 크지 않지만, 태양 내부에서 이와 같은 반응은 무수히 일어나기 때문에 그 총량은 어마어마해서 지구에까지 적잖은 에너지를 공급해주고 있는 것이다. 이것이 바로 아인슈타인의 질량-에너지 등가 원리이다.

수브라마니안 찬드라세카

질량이 큰 별은 중력 또한 강하다. 더욱 강해진 중력에 맞서 역학적 평형상태를 유지하기 위해서는 더 많은 열에너지를 밖으로 분출해야 한다. 연료가 빠르게 소진되었으니 중력수축은 그만큼 빠르게 다가온다. 이런 과정에서 더 이상 수축하지 않는 별을 백색왜성이라고 한다. 백색왜성이란 흰색 난쟁이 별이란 뜻으로 붉게 타오르던 태양만 한 별이 식어서 종국엔 지구만 하게 작아지는 별을 가리킨다. 내부에 쌓인 물질은 그대로 둔 채 부피가 줄어들기 때문에 밀도는 엄청나게 높아진다.

인도의 첸체물리학자 찬드라세카는 모든 별이 다 백색왜성 단계에서 죽음을 맞이하지는 아닐 듯 싶었다. 그는 별의 질량이 태양의 1.4배 보다 가벼우면 백색왜성이 되지만, 그보다 무거우면 백색왜성이 되지 않는다고 결론 내렸다. 태양 질량의 1.4배를 가리켜 "찬드라세카 한계"라 부른다.

오펜하이머와 그의 제자 조지 볼코프는 태양 질량의 1.4배에서 3.2배 사이의 질량을 갖는 별에 대해 계산해 본 결과 백색왜성의 역학적 평형이 깨지면서 새로운 붕괴가 다시 시작되는 것을 발견했다.

전자의 축퇴 압력이 더는 안정적인 역할을 수행하지 못하기 때문이었다. 별 내부의 전자가 어마어마한 세기의 중력 수축을 이기지 못하고 원자핵 속으로 쑥 밀려가더니 양성자와 결합해 중성자로 변하는 것이었다. 이와 같은 반응으로 새롭게 만들어진 중성자가 원자핵 속에 이미 존재하는 기존의 중성자와 합쳐져 원자 내부는 온통 중성자로만 꽉 채워진 초고밀도의 중성자별(neutron star)이 탄생하게 된다. 중성자별은 중성자끼리의 축퇴압력이 어우러져 역학적 평형을 이루는 별로서 크기는 손톱만 해도 무게가 약 10억 톤이나 나가는 천체라 할 수 있다.

별의 질량이 태양의 3.2배 보다 무거운 경우엔 별이 한없이 중력 수축을 했다. 별의 쪼그라듦을 막을 수 있는 방패막이가 없었다. 별은 중력반지름에 가까워지면서 광속에 가까운 속도로 무너져 내렸다. 그래서 중성자별 너머의 쪼그라든 상태를 "중력붕괴(Gravitational collapse)"라고 부른다.

무한의 점이란 크기는 없고 밀도는 무한대인 점을 가리킨다. 이것이 블랙홀의 중심으로, 흔히 특이점이라고 부른다. 마지막 장벽이 무너지는 순간, 거의 광속에 가까운 속도로 중력붕괴가 진행되는 까닭에 특이점까지 도달하는 데는 1초도 걸리지 않는다. 그러니까 눈 깜박할 사이에 중성자 단계의 별이 블랙홀이 되는 것이다. 물론 이것은 퀘이사와 같은 초대형 블랙홀이 아닌, 태양보다 수십 배 무거운 별이 붕괴되는 과정이다.

당연한 이야기이지만, 블랙홀은 무거울수록 더 큰 공간을 차지한다. 블랙홀의 크기라고 볼 수 있는 중력반지름은 블랙홀의 질량에 비례한다. 블랙홀 A와 B의 질량 차가 10만 배라면, 중력반지름도 10만 배 차이가 난다는 말이다. 이를 통해 우리는 블랙홀의 크기를 어렵지 않게 가늠할 수 있다. 태양이 블랙홀로 변하면 슈바르츠실트 반지름은 대략 3킬로미터 남짓이 된다. 그러므로 태양보다 10억 배 무거운 천체가 블랙홀이 되었다면, 중력반지름은 3킬로미터의 10억 배인 30억 킬로미터가 되는 것이다. 이 정도의 초대형 블랙홀이라면 우리 은하 하나로는 도저히 감당이 안 되는 빛과 에너지를 방출하는데 그것이 차지하는 면적은 고작 태양계에도 미치지 못한다.

천체의 회전에는 반드시 중심축이 있게 마련이다. 예를 들어 지구는 중심을 관통하는 자전축을 따라서 하루 주기의 자전을 하고, 태양과 지구 사이의 공통 질량 중심을 축으로 일년 주기의 공전을 한다. 두 천체의 질량이 같으면 공통 질량 중심은 두 천체 사이의 중간 지점이 된다. 그러나 태양은 지구에 비해 월등히 무거운 까닭에 두 천체 사이의 공통 질량 중심은 태양 자체 내에 만들어진다. 마찬가지로 지구와 달의 질량 중심도 두 천체 사이의 현격한 질량 차이로 지구 안에 존재한다.

별이 공전하고 있는데 다른 천체가 보이지 않으며 그 별 주위에 블랙홀이 존재할 가능성이 있다. 하지만 그런 조합에 항상 블랙홀이 존재한다고 단정 지을 수는 없다. 왜냐하면, 별과 별이 공전하는 회전계는 블랙홀과 보통 별의 쌍도 가능하지만, 중성자별과 보통 별, 백색왜성과 보통 별의 쌍도 가능하기 때문이다.

별과 별의 회전계가 블랙홀과 보통 별의 쌍이라고 하면 그 별의 쌍에서는 다른 쌍성계가 보여주지 못하는 특성이 있다.

이웃 천체의 구성물질이 중심 천체의 중력장에 이끌려 들어가면서 직선이 아닌 나선형 궤도를 그리는 건 천체의 회전 때문이다. 이러한 나선형 궤도의 원반형의 거대한 띠를 "유입물질 원반(Accretion Disc)" 라고 한다. 이러한 원반이 가속과 마찰 과정을 거치면서 유입물질 원반 내부의 온도는 수백만 도에서 수천만 도까지 올라가는데, 가스가 이 정도 온도에 이르면 강력한 X선을 방출하게 된다.

지구에서 관측되는 X선 복사의 대부분은 유입물질 원반의 내부 수백 킬로미터 지역에서 나오는 것으로 알려져 있다. 이런 이유로 X선을 내놓는 쌍성계에 블랙홀이 있을 가능성이 높다고 보는 것이다.

백조자리 X1

그러나 이것만으로는 블랙홀이라고 단언할 수 없다. 왜냐하면, 중성자별 정도의 중력으로도 X선 방출은 가능하기 때문이다. X선을 방출하는 천체가 블랙홀인지 중성자별인지를 아는 또 하나의 방법은 천체의 질량을 계산해 보는 것이다. X선을 내놓는 천체의 질량이 태양보다 다섯 배 이상 무겁다면 블랙홀일 가능성이 아주 높다.

엑스선 관측 천문학자들은 백조자리의 X1이 바로 이런 블랙홀일 것이라고 믿고 있다. 그 이유는 이 천체가 태양의 약 8배쯤 되는 질량을 갖고 있다는 사실 때문이다. 백조자리 X1은 쌍성계를 이루고 있으며, 이 쌍성계의 반성을 광학 현미경으로 직접 관측할 수 있다. 이 쌍성계에서 검출되는 엑스선 복사를 설명하려면, 엑스 선원이 반드시 고밀도 천체이어야 한다.

블랙홀의 또 다른 매력은 시간여행의 가능성을 열어두고 있다는 점이다. 블랙홀을 뒤집어 놓은 듯한 천체를 화이트홀이라고 한다. 블랙홀과 마찬가지로 화이트홀도 아인슈타인의 중력장 방정식을 풀어서 나오는 분명한 해 가운데 하나이다. 화이트홀이 아직은 발견되지 않고 있지만, 이론적으론 얼마든지 가능한 천체이다.

시간여행의 길은 블랙홀이나 화이트홀만의 힘으로 불가능하다. 두 천체가 힘을 합칠 때 가능하다. 블랙홀과 화이트홀을 연결하는 통로를 웜홀(worm hole)이라고 한다.

캘리포니아 공과대학의 킵 손(Kip Thorne)은 웜홀을 지난 수 있기 위해서는 몇 가지 조건이 성립해야 한다고 주장한다.

우선은 기조력이 약해야 한다. 그래야 찢어지지 않고 무사히 통과할 수 있다. 다음으로 웜홀을 지나갈 수 있는 시간도 통과할 수 있을 만큼 적당히 길어야 하고, 다시 돌아올 수 있도록 쌍방이어야 한다. 그리고 유해한 빛의 영향을 최소화해야 한다. 그리고 또한 적당한 시간에 적당한 물질로 웜홀을 만들 수 있어야 한다. 그러기 위해선 웜홀을 굉장한 압력에 견딜 수 있는 특별한 물질로 이루어져야 한다. 이러한 것은 우리가 지금껏 알고 있던 물질과는 전혀 다른 성질을 보이는 물질이다. 이것을 "특이 물질(Exotic matter)"이라고 한다. 이 특이 물질은 제로보다 작은 질량을 가져야 하고, 음의 에너지를 지니고 있어야 하며, 중력에 반하는 운동을 해야 한다. 중력에 반하는 물질이란 중력이 작용하는 땅으로부터 떨어지지 않고 하늘로 솟구치는 현상을 말한다. 그러니까 특이물질이란 반중력 물질을 말한다.

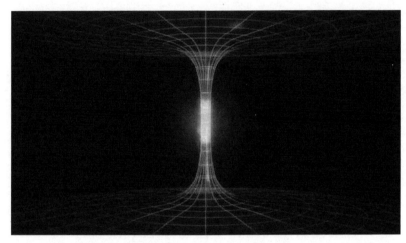

블랙홀, 화이트홀, 그리고 웜홀

## 10. 태양계는 어떻게 형성되었을까?

태양계는 기체와 티끌로 구성된 구름 덩어리가 중력 수축을 거쳐 만들어진 것인데, 그 구름의 초기 수축은 한 초신성의 폭발에서 유발되었다고 추측된다. 태양계가 태어난 모체로서의 그 구름을 직접 찾아볼 길은 없으나, 오늘날 태양계가 갖고 있는 여러 가지 특성에 비추어 볼 때 태양계가 한때 구름의 형태를 하고 있었음을 확인할 수는 있다.

모든 행성들은 원에 가까운 궤도 운동을 하며, 궤도면이 태양의 적도 면과 거의 일치한다는 사실이, 태양계의 가장 두드러진 특징이다. 공전 방향뿐만 아니라, 거의 모든 행성들의 자전 방향도 태양의 자전 방향과 일치한다. 천왕성을 제외한 모든 행성들의 자전축도 태양의 자전축에 거의 평행하다. 천왕성은 태양 자전축에 대하여 약 90도 기울어져 자전하고 있다. 또한, 거의 모든 위성들의 회전 운동이 행성계와 동일한 특성을 보이고 있다. 내행성들은 질량이 비교적 적은 편이며, 구성 성분에 금속이 많고, 밀도가 높으며, 느리게 회전하여 자전 주기가 1일 또는 그 이상이고, 거느리고 있는 위성의 수효가 적다. 반면에 외행성들은 질량이 크고, 밀도가 낮으며,

47

구성 성분에 수소가 많고, 여러 개의 위성을 거느린다.

행성 말고도 소행성, 혜성, 유성체 등의 미소한 천체들이 태양 주위를 돌고 있다. 또한, 작은 돌 조각과 얼음 조각이 고리를 형성한 채 토성, 천왕성, 목성 주위를 돌고 있다. 소행성들은 주로 화성 궤도와 목성 궤도 사이에 분포되어 있으며, 이 영역을 소행성대라고 부른다. 소행성은 비교적 미소한 천체로서 가장 큰 것은 1000km 정도이다.

소행성들의 궤도 요소가 넓은 범위에 걸쳐 분포하는 점으로 보아, 소행성들의 모체가 단 하나의 행성이었을 가능성은 쉽게 배제될 수 있다. 소행성의 화학 조성이 운석과 비슷하다고 알려져 있는데, 운석들의 화학 조성 자체가 매우 다양할 뿐만 아니라, 지구와 달의 조성과도 다르다. 그러므로 태양계 형성의 초기 과정에서 행성으로 응결되지 못한 조각들이 소행성이나 유성체가 되었다고 생각된다.

지표에 떨어진 유성체가 운석인데, 그 성분에 따라 석질 운석과 철질 운석으로 크게 나뉜다. 운석 중에는 중간 성분을 갖는 석철질 운석도 있다. 운석에 유리질 물체가 포함되어 있다는 사실에서 운석들이 한때 고열에서 용융된 적이 있었음을 알 수 있다. 운석에서는 희귀 동위원소가 극미량씩 검출된다. 이들 희귀 동위원소는 불안정한 원소의 핵이 방사능 붕괴 과정을 거쳐서 만들어진 것이며, 불안정 핵은 초신성 폭발에서 합성된 것으로 추정된다.

커다란 얼음 덩어리인 혜성도 태양 주위를 돌고 있다. 혜성의 공전 궤도는 명왕성에서 수성의 궤도 안에까지 들어올 정도로 이심률이 매우 큰 타원의 모양을 하고 있다. 태양계의 외곽 지대를 출발한 혜성이 태양 가까이 오는데 수백 년의 세월이 소요된다. 태양에 가까워질수록 혜성의 온도는 서서히 상승하고, 지구 궤도쯤에서부터는 표면에서 얼음이 증발하기 시작한다. 태양 빛과 고에너지 입자인 태양풍이 혜성에서 증발되는 물질을 밖으로 밀어내는데, 이 때문에 혜성은 긴 꼬리를 갖게 된다. 태양풍과 태양의 복사압 때문에 혜성의 꼬리는 태양의 반대쪽으로 뻗치게 된다.

최종적으로 혜성은 작은 입자들이 엉성하게 모인 부스러기가 되어 자신의 궤도에 흩어진다. 이렇게 부스러기가 흩어져 있는 혜성 궤도에 지구가 진입하면, 지구에는 유성우가 내린다. 혜성 부스러기나 이와 비슷한 미세한 천체가 지구의 고층 대기와 마찰하여 연소할 때 나온 빛이 우리에게는 유성으로 보이는 것이다.

## 11. 우주의 나이는 얼마일까?

　대폭발이론에서 중요한 논제는 현재 관측 가능한 우주의 임의의 두 점이 약 137억 년 전에는 한없이 가까이 붙어 있었다는 것이다. 밀도가 무한대였던 이 대폭발의 순간을 특이점이라고 한다. 그 폭발의 순간에서부터 현재까지 경과된 시간을 우주의 나이라고 한다. 우주의 나이를 어떻게 알아낼 수 있는지를 살펴보는 것은 대폭발이론에 있어서 중요하다.

　멀리 떨어져 있는 은하들은 빠른 속도로 서로 멀어지고 있다. 더 멀리 있는 은하일수록 더욱더 빠른 속도로 상호 후퇴한다. 결국, 은하들은 팽창하고 있는 셈이다. 은하들, 최소한 이들 은하를 구성하고 있는 원자들은 이와 비슷한 형태로 팽창을 시작했음에 틀림이 없다. 극도로 밀집되어 있던 상태에서 물질은 사방으로 흩어졌다. 현재는 멀리 떨어져 있는 두 은하라고 하더라도 초기에는 서로 접촉하고 있었으므로 현재의 상태와 같이 서로 멀어지는데 걸리는 시간을 계산하면, 초기 폭발의 순간이 언제였는가를 알 수 있다. 은하들이 일생의 거의 대부분을 서로 떨어진 상태에서 보내고 있음은 명백하다. 은하들이 가까이 붙어 있었던 기간은 그들의 나이에 비하여 매우 짧은 순간에 불과하다. 한 쌍의 은하를 택해 그들 사이의 거리를 상대 속력으로 나누면, 그 결과가 대략적인 우주의 나이가 된다. 은하 후퇴에 관한 허블의 법칙에 의하면, 후퇴 속력은 허블 상수 H에 그들의 거리를 곱한 것과 같다.

새로이 관측 기술이 개발되면서 현대 천문학자들은 H의 값을 허블보다 더 정확하게 측정할 수 있게 되었다. 각종 은하에서부터 우리는 거리의 지표가 될 수 있는 여러 종류의 천체들을 비교적 정밀하게 측정할 수 있다. 허블 이후 보다 먼 거리까지도 측정할 수 있는 거리의 지표들이 마련된 셈이다. 현대 관측치를 이용하여도, 은하들의 후퇴 속도와 거리 사이에는 단순 비례 관계가 근사적으로 성립함을 알 수 있다. 현재까지 알려진 허블 상수 H로 계산한 우주의 나이는 137억 년이다.

## 12. 전파은하에 대하여

  가시광을 제외한 파장 영역에서의 관측은 주로 우주 공간
에서만 가능하므로, 1970년대에 와서야 이러한 새로운 천문학
들이 출현하게 되었다. 예들 들어 X-선에서 자외선에 이르는
복사는 지구 대기를 통과하지 못한다. 그 때문에 생명체가 태
양 자외선에서 보호될 수 있으므로 아주 다행이기는 하지만,
천체에서 방출되는 이러한 파장의 복사를 지상에서는 관측할
수 없으므로 천문학자들에게는 지구 대기가 귀찮은 존재이기
도 하였다. 1970년대 이전에는 우주론적 정보를 얻는데 천문
학자들이 가시광선 이외의 빛을 전혀 이용할 수 없었다.
  가시광에만 국한된 천문학은 여러 가지 제약을 안고 있었
다. 가시광으로는 태양에서 아주 가까운 일부 지역만을 관측
할 수 있다. 우리은하에는 많은 양의 기체와 성간 티끌이 존
재한다. 성간 티끌은 흑연이나 수정과 비슷한 암석 물질로 구
성되어 있다. 성간 티끌이라고 불리는 이 고체 입자들은 그
크기가 가시광의 파장과 엇비슷하기 때문에 별에서 방출되는
가시광을 아주 잘 흡수하거나 산란시킨다. 따라서 광학 망원
경으로는 은하 중심 면을 수천 광년 이상 꿰뚫어 볼 수 없다.

성간 티끌이 비교적 적은 부분을 이용해서 좀 더 멀리까지 볼 수 있는 경우가 간혹 있기는 하지만, 성간 티끌 때문에 가시광으로는 우리 은하 전체를 포괄적으로 연구할 수 없었다. 가시광과는 대조적으로 은하 중심 면에 존재하는 성간 물질은 전파, 적외선, X-선에 거의 투명하다. 따라서 전파 천문학자들은 아무 어려움 없이 은하의 중앙 핵 부분까지를 들여다볼 수 있다.

우주의 본질을 통찰하는데 가장 획기적 기여를 한 것은 1950년대에 발달하기 시작한 전파천문학이다. 우리은하로부터 아무런 제한도 받지 않은 채, 전파 망원경으로 외부의 많은 전파원들을 검출할 수 있었다. 외부 전파원에서 검출되는 전파 복사는 그 스펙트럼상의 특성이 고온의 기체에서 방출되는 열복사와는 성격이 아주 다르다. 어느 특정 파장에 편중되어 있지 않고 아주 넓은 파장 영역에 연속적으로 분포한다. 즉, 전파 잡음이나 정지파와 비슷한 연속 스펙트럼이다. 전파 영역에서도 물론 여러 개의 선 스펙트럼을 볼 수 있다. 가장 유명한 선이 21cm에 나타나는 수소의 방출선이다. 이 수소선의 세기가 아주 미약하기 때문에 21cm 선 복사를 멀리 떨어져 있는 외부 은하에서 검출하기란 매우 어려운 일이다. 어떤 전파원은 광학적으로 알려진 은하와 일치하지만, 많은 경우 전파원의 광학적 대응하는 짝을 찾아낼 수 없다.

## 13. 은하는 어떻게 시작되었을까?


우주가 식어가면서 국부적으로 주위보다 밀도가 높은 곳이 생기면 중력의 영향으로 주위의 물질이 그곳으로 끌리게 된다. 이러한 상황을 중력적 불안정이라고 부른다. 분리시대에서 살아남은 밀도 분포의 비균질 부분은 중력으로 주위물질을 자신에게 끌어당김으로써 자신의 질량을 서서히 증가시킨다. 주위물질은 비균질부를 향하여 처음에는 매우 느리게 끌려 왔을 것이다.

여타의 물질은 우주의 계속되는 팽창에 모두 동참하고 있는 데 반하여, 밀도 분포의 교란 부의 물질은 전반적인 우주 팽창에 채 못 미치는 속도로 지연 팽창을 하게 된다. 비균질 부에는 점점 보다 많은 물질이 모이게 되므로, 팽창의 지연 정도도 점차 증가한다. 비균질 부의 질량이 충분한 크기에 이르면, 비균질 부는 지연 팽창을 완전히 멈추고 자기 나름대로의 수축을 개시한다.

원시 은하 기체운이 모든 방향으로 똑같은 비율로 순조롭게 수축할 수는 없었을 것이다. 중력이 압력을 능가해야 한다는 중력 수축의 조건 하나만 보더라도, 물질이 수축하는 속도가 소리의 전파 속도보다 훨씬 빨랐을 것임을 우리는 쉽게 알 수 있다.

중력 수축은 초음속 운동이다. 초음속으로 움직이는 물체의 주위에는 심한 난류가 생기기 쉬우므로, 밀도 분포가 갖고 있던 작은 비균질 정도가 증폭됨에 따라 중력 수축은 걷잡을 수 없는 난류 운동으로 전개된다.

기체운의 처음 모습이 거의 구에 가까웠다고 하더라도, 일단 수축이 개시되어 특정 방향이 다른 두 방향보다 빠르게 움직이기만 하면, 구에 가깝던 모습은 곧 팬케이크 비슷하게 변할 것이다. 기체운이 수축하여 내부의 밀도와 온도가 증가하면, 전체 기체운은 보다 작은 덩이들로 쪼개지므로, 팬케이크 모습도 오래 지속되지는 않는다. 이러한 기체운의 분열 과정이 은하 형성에 특별한 조건을 부여한다.

중력 수축에서 야기되는 난류 운동에서 분열된 기체 덩어리들이 살아남으려면, 그들의 질량이나 크기가 은하 정도의 규모는 갖추어야 한다.

따로 떨어져 있는 은하들이 하나씩 형성되기 시작한 때를 추산해보면 적색 편이가 약 10에서 30에 이르는 시기라고 판단된다. 이때에 팽창 우주의 밀도가 은하들이 생겨난 원시 은하 기체운의 밀도와 대략 비슷하게 되기 때문이다. 관측에서 알려진 우주의 현재 밀도에서 원시 은하 기체운이 가졌어야 할 밀도를 추산하려면, 수축 과정에서 빛의 형태로 방출된 에너지의 양이 극히 적었다는 조건이 필요하다.

은하단이 진화하는 과정에서 어떤 은하들은 은하단 밖으로 튕겨 나가게 된다. 이런 과정을 이완이라고 부른다. 우리은하 주위에서도 지방 은하 군에 속하는 은하들은 원래는 처녀자리 은하단이나 초은하단에 있다가 멀리 튕겨진 것들이다. 최근에 발견된 은하 분포의 빈터도 이와 같은 논지의 맥락에서 설명될 수도 있다. 즉 은하 형성이 주로 커다란 단을 형성하면서 이루어진다면, 마땅히 단과 단 사이에 은하가 존재하지 않는 빈터 구멍이 생길 수도 있을 것이다.

우주가 태초에 갖고 있던 물질 분포의 비균질 부분들이 은하단 규모의 거대한 기체운들로 응축된 다음, 기체운이 한층 더 분열되어 은하들로 되었을 가능성도 충분히 있다. 은하들의 질량이나 크기의 범위, 그리고 은하단의 특성 중 일부는 이와 같은 기체운의 분열 과정으로 잘 설명될 수 있다.

## 14. 최초의 별들


항성의 생성 과정을 살펴봄으로써 은하의 진화 과정을 이해할 수 있다. 중력 수축하던 원시 은하는 주로 수소로 구성되어 있었을 것이다. 헬륨 원자는 전체의 약 10% 정도를 차지하고, 그 외의 중원소는 실질적으로 전무하였다. 초기에 이 기체의 온도는 비교적 낮은 편이었으나 수축이 진행됨에 따라 점차 가열된다. 수축 과정에서 난류 소용돌이의 덩어리들이 형성되고 이 덩어리들이 상호 충돌할 때 자신들의 에너지가 열로 변하기 때문이다. 기체운 전체에 걸친 대규모의 수축이 점점 가속되면서, 격렬한 난류 운동을 동반하게 되고 동시에 충격파를 발생시켜 운동에 관련된 역학적 에너지가 열의 형태로 점차 소실된다.

수축으로 밀도가 어느 정도 높아져 원자들의 충돌이 활발하게 되면, 열에너지가 복사로 변환될 수 있는 길이 마련된다. 수소 기체는 약 $10^4$K 정도로 가열되면 전리되기 시작한다. 수소 원자의 이러한 성질 때문에 수축의 진행으로 열에너지가 더 공급되더라도 수소 기체의 온도는 $10^4$K로 계속 머문다. 이는 난류 운동에너지가 열에너지로 변환되어 기체의 온도가 $10^4$K 이상으로 상승한다면, 원자와 자유 전자들은 더 빠르게 움직이면서 중성 수소를 전리시켜 더 많은 수의 자유 전자들이 생기게 될 것이다. 자유 전자들은 중성의 수소 원자와 충돌하여 자신의 운동에너지의 일부를 수소 원자에게 준다. 중성 수소가 에너지를 이렇게 얻으면 자신이 갖고 있던 전자를 보다 높은 에너지 준위로 올려놓는다. 그러나 전자들은 들뜬 에너지 상태에 오래 머무를 수 없고, 일정 주파수를 갖는 광자를 방출하면서 낮은 에너지 준위로 곧 가라앉는다. 그러므로 전리의 정도가 높아질수록 내부 에너지는 복사의 형태로 빨리 밖으로 내보내질 수 있게 된다. 즉, 냉각률이 증가하는 것이다.

냉각률의 증가로 기체의 온도가 너무 내려가면, 자유 전자는 양성자와 다시 결합한다. 복사로 잃은 에너지는 원래 자유 전자들이 갖고 있던 운동에너지였으므로, 복사 냉각 때문에 자유 전자의 속도가 감소하고, 느리게 움직이는 전자는 양성자에게 쉽게 붙잡히기 때문이다. 전자와 양성자의 재결합이 너무 활발하면 냉각이 더 이상 이루어질 수 없게 된다. 그러나 수축은 계속되고 있으므로 난류 운동의 에너지가 열의 에너지로 바뀌어 기체는 계속 가열될 것이다. 따라서 중성 기체는 다시 전리된다. 즉, 기체는 전리와 재결합의 미묘한 균형을 자동적으로 유지할 수 있다. 온도가 $10^4$K 징도토 되면 수소 기체는 다시 부분적으로 전리 상태를 유지하므로 기체의 온도는 $10^4$K에 머물게 된다.

수축이 진행되는 동안 온도는 지나치게 하강도 상승도 하지 않는다. 수축 때문에 중력의 세기는 급격히 증가하는데 온도가 일정하게 유지되므로 압력은 중력만큼 크게 증가하지 않는다. 한편, 압력은 수축하는 성간운이 보다 작은 덩어리로 쪼개지는 것을 방해한다. 하지만 압력의 증가가 중력을 따르지 못하여 성간운은 수축하면서 보다 더 작은 그러나 고밀도의 덩어리들로 분열된다. 성간운 전체의 수축이 진행되면서 이렇게 쪼개진 작은 덩어리로 계속 쪼개질 것이다. 왜냐하면, 복사가 자유롭게 빠져나갈 수 있는 한, 압력이 수축 때문에 증가 일로에 있는 중력을 이길 수 없으므로 평형이 유지될 수 없기 때문이다.

밀도가 극도로 증가하면, 전리 정도가 극히 저조한 수소 기체에서라도 복사에 대한 불투명도가 무시할 수 없을 정도로 높아진다. 이 단계에 이르면 복사가 성간운을 더 이상 자유롭게 떠날 수 없다. 따라서 내부 온도는 상승하고 이와 더불어 압력도 증가한다. 수소 기체가 충분히 압축되면, 전자들은 수소 원자와 결합하여 수소음이온을 형성한다. 중성 수소와 달리 수소 음이온은 빛을 잘 흡수한다. 수소 음이온의 농도가 어느 정도 이상으로 되면 수소에서 방출되는 빛이 밖으로 새어 나오지 못하고 성간운 내부에 그대로 갇힌다. 즉, 성간운의 냉각이 비효율적으로 된다. 이에 불구하고 성간운 내부의 압력이 아직도 중력을 감당할 수 없어서 수축은 느리게 진행되고 가열은 계속 이루어질 것이다.

압력이 중력을 지탱할 수 있게 되면, 성간운은 더 이상 작은 덩어리들로 분열될 수 없게 된다. 일단 압력이 중력을 지탱할 수 있게 되면 수축은 아주 느린 속도로 진행된다. 또한, 냉각률도 불투명도의 증가 때문에 격감하게 된다. 그러나 완전히 불투명한 별이란 존재하지 않는다. 별의 중심부는 외곽부보다 더 뜨거워서, 중심과 표면의 압력 차이가 중력에 의한 별 자신의 무게를 떠받치고 있으며, 복사는 중심에서 밖으로 서서히 새어 나오게 된다. 높은 에너지를 갖는 광자가 별 내부에서 출발하여 밖으로 나오면서, 여러 차례 흡수되고 재방출되는 과정을 겪으면서 낮은 에너지의 광자로 변신하여, 결국 별표면을 빠져나간다.

별의 생성 초기 단계에서 중심부에는 고밀도의 불투명한 원시성의 핵이 자리잡게 되며, 저밀도의 비교적 투명한 외곽부 물질이 중심의 원시성 핵 위에 계속 떨어져 쌓인다. 외곽부의 물질은 낙하하여 중심핵에 부딪힐 때 많은 양의 에너지를 열의 형태로 바꾸어 내놓는다. 이렇게 만들어진 고온의 기체는 복사를 방출하는 동시에, 중심핵은 서서히 중력 수축한다. 수축이 진행됨에 따라 중심핵의 온도는 꾸준히 상승한다. 중심핵의 밀도와 온도가 핵반응을 촉발할 수 있는 수준까지 상승하면, 원시별은 중력수축을 멈춘다. 수소 원자의 핵과 전자들이 서로 짓눌려 중성자와 중수소를 형성하게 되는데, 이는 온도가 일 천만도 이상으로 되면 양성자들이 빠른 속도로 충돌하여 자기들 사이에 작용하는 척력을 이길 수 있기 때문이다. 연약한 중수소 핵들이 연소하여 두 개의 중수소 핵으로 합해지면, 이것이 바로 헬륨 핵이다. 즉, 수소 핵 4개에서 1개의 헬륨이 융합되는 셈이다.

　수소 4개가 융합하여 헬륨 하나가 합성될 때 상당한 크기의 에너지가 방출된다. 수소 4개의 정지 총질량의 작은 부분이 복사에너지로 변환되어 큰 에너지를 갖는 광자와 중성미자로 된다. 이 핵융합이 별의 중심핵 부분에 열과 압력을 일정하게 공급한다. 그 결과 중력 수축은 멈추고, 원시별은 일정한 광도를 유지할 수 있게 된다. 이런 과정을 거쳐 원시별은 수소를 태우는 주계열 별로 진화해 들어가게 된다. 우리 태양은 보통 별로서, 중심핵에서 수소를 태우면서 주계열에 머물고 있다. 별들이 중심핵 부분에 있던 수소를 다 태우면 주계열 상태를 벗어난다. 주계열을 벗어난 다음부터는, 진화의 여러 단계가 매우 빠른 속도로 진행된다. 일단 한 종류의 핵연료가 소진하면 중심 부분은 중력 수축하고, 이에 따라 가열이 이루어지므로 보다 무거운 원소를 태울 수 있게 된다. 그러다가 결국 모든 핵연료를 다 소진한다.

　우주에서 가장 처음 만들어진 별의 특성은 헬륨보다 무거운 원소라고는 아무것도 갖고 있지 않다는 점이다. 중원소의 존재가 냉각률과 불투명도를 높이는데 결정적인 역할을 하므로, 최초의 항성을 형성하는데 사용된 물질은 잘 식지도 않았고 빛을 잘 흡수하지도 않았다. 탄소 같은 중원소는 낮은 에너지준위를 여러 개 가지고 있어서, 주위의 온도가 비교적 낮아 느린 속도로 움직이는 원자와 충돌하더라도, 탄소의 전자는 낮은 에너지준위로 들뜨게 된다. 중성 원자의 에너지준위가 따로따로 떨어진 불연속성을 가지고 있듯이, 분자의 회전 운동 에너지준위도 일정량의 정수배 크기만을 가질 수 있는 불연속성을 지닌다. 보다 높은 회전 에너지준위에 들떠 있는 분자는 낮은 에너지준위로 가라앉으면서 일정한 파장의 빛을 방출하므로, 분자로 구성된 기체운은 아주 낮은 온도까지 냉각될 수 있다.

중원소의 결핍으로 냉각이 잘 이루어지지 않기 때문에, 수소만으로 된 기체에서는 항성의 생성이, 비교적 높은 온도인 $10^4$K 근방에서 이루어지게 마련이다. 고온에 연유된 높은 압력을 제어할 수 있으려면 질량이 커야 한다. 중원소를 포함한 기체에서 만들어진 별보다 질량이 무척 커야만 한다는 얘기이다. 따라서 최초로 만들어진 별들은 태양보다 큰 별들이었음을 알 수 있다.

제1세대 별들은 태양의 20배 정도의 질량을 가졌을 것으로 추측된다. 이러한 크기의 별들은 무척 밝아서 광도가 태양의 $10^4$K배쯤이고, 수명은 비교적 짧아 천만 년 정도 생존할 수 있었을 것이다. 따라서 은하의 초기 진화는 매우 빠른 속도로 진행되었고, 또한 그때 상황 역시 장관이었음에 틀림이 없다.

이 제1세대 별들이 최초의 중원소를 제공하였다. 별의 중심부에서 수소가 타서 헬륨으로, 헬륨은 다시 탄소로 된다. 중심에 아주 가까운 곳에서 탄소는 핵융합 반응으로 산소와 규소가 된다. 핵융합 반응의 최종 산물로 철이 만들어지는데 철은 가장 안정한 원소이다. 별의 중심핵 부분은 결국 핵에너지의 소진으로 중력 수축하며 초신성으로 격렬히 폭발하고 만다. 일련의 핵반응을 거쳐서 중원소를 갖게 된 물질이 초신성 폭발로 성간 물질에 섞여져서 성간운을 만드는데 쓰여진 다음, 성간운은 다시 중력 수축하여 다음 세대의 별로 만들어진다. 이와 같은 별의 탄생과 소멸의 순환과정이 젊은 은하에서 반복되었다.

## 15. 시간이란 무엇인가?

　기원전 4세기 아리스토텔레스는 그의 책 〈자연학〉에서 시간에 대해 다음과 같이 말한다. "시간은 운동의 전후에서의 수이다." 아리스토텔레스는 운동이라는 것은 사물의 변화를 말하고, 그 변화의 수가 시간이라고 생각했다. 즉 그에게 있어 시간이란 운동이나 변화가 일어나야 인식할 수 있는 것이었다.

　기원전 5세기 제논은 소위 날아가는 화살의 패러독스에 대해 말한다. 즉 "날아가는 화살은 일순간 정지해 있다. 정지하고 있는 화살을 아무리 모아도 화살은 날아가지 못한다." 제논은 화살이 날아가는 운동 자체를 부정했다. 하지만 현실은 그렇지 않다. 현실에서 화살은 날아갈 수 있기 때문에 그의 말은 어딘지 결함이 존재한다. 그의 주장에 있어 '일순간'이란 무엇일까? 우리는 일순간을 시간을 무한으로 짧게 자른 경우 그 하나를 일순간이라 할 수 있을 것이다. 하지만 시간을 무한으로 짧게 자른다는 것이 가능한 것일까? 이러한 문제는 2,500년이 지난 지금까지 논의가 되고 있다. 우리는 시간이라는 것을 어떻게 이해해야 하는 것일까?

역사적으로 볼 때 우리 인류는 되풀이 되는 천체의 움직이나 자연의 현상으로 인해 시간에 대해 생각하게 되었다. 아침에 일어나보면 해가 뜨는 것을 볼 수 있고, 그 해는 하늘에서 움직이다가 어느 정도 지나고 나면 지게 된다. 이렇듯 태양의 움직임으로 우리는 '하루' 라는 시간적 개념을 자연스럽게 가지게 되었다. 밤에 뜨는 달의 모습을 보면 매일 다르게 나타난다. 초승달에서 보름달로 그리고 그믐달이 되는 동안 30일 정도가 지나게 되고 우리는 그것으로 한 달이라는 개념을 생각하게 되었다. 봄이 되어 꽃이 피고 더운 여름이 지나 단풍이 드는 가을이 된 후 하얀 눈이 내리는 추운 겨울이 지나면 다시 꽃피는 봄이 되는 것으로 일 년을 생각하게 되었다. 이와 같이 우리 인류는 천체의 움직임과 자연의 현상으로 시간의 개념을 확실히 인식하고, 이를 바탕으로 시간을 측정하는 기계인 시계라는 것을 만들게 된다.

태양은 지고 나면 다시 떠오르고, 보름달은 1개월 후 다시 제 모습을 가지게 된다. 이러한 천체의 운행은 계속해서 반복된다. 천체의 운행을 시간의 기준으로 삼고 있었던 사람들에게는 시간은 순환하는 것이었다.

고대 이집트 사람들은 밤하늘에서 가장 밝은 별인 시리우스가 새벽이 되기 바로 직전 동쪽 지평선에서 올라올 때를 1년의 시작으로 정했다. 이것은 무엇을 위한 것일까? 그것은 바로 이집트 사람들에게 있어 계절을 정확히 안다는 것은 홍수가 되는 시기인 나일강이 범람하는 것을 예측하거나, 농사를 짓기 위해 씨를 뿌리는 시기를 정해야 했던 것이다.

고대 이집트인들은 하루를 낮과 밤으로 나누고, 각각 12개로 구별하여 1시간이라는 길이를 정했다. 그들의 생활의 편리를 위한 것이었다. 하지만 그들에게 있어 낮과 밤의 길이는 달랐다. 여름의 경우 낮의 길이는 길고, 겨울의 경우에는 밤의 길이가 길었다. 즉 그들에게 있어 낮의 길이는 여름이 훨씬 길기 때문에, 겨울의 1시간보다 여름의 1시간이 더 길었다. 이집트인들에게 있어 1시간은 현대 우리들의 1시간과 같이 절대적인 개념이 아닌 계절에 따라 그 길이가 변하는 것이었다.

세월이 지나면서 이러한 상대적 길이의 1시간이 보다 정확한 절대적인 시간으로 정해져갔다. 시간을 측정하기 위한 기계인 시계는 세월의 흐름에 따라 발전하게 된다. 중세까지 시계는 부정확한 해시계나 물시계가 전부였다. 매일 똑같은 정확한 시간을 측정하기에는 너무나 부족했다. 이때 나타난 사람이 바로 이탈리아의 갈릴레이였다. 뉴턴이전 역학의 체계는 바로 갈릴레이에 의해 성립된다.

갈릴레이는 어느 날 피사의 성당에서 예배를 보다가 천장에 매달린 샹들리에의 움직임을 보고 그 흔들림이 클 때의 왕복시간과 흔들림이 작을 때의 왕복시간이 같다는 것을 자신의 맥박을 측정하며 깨닫게 되었다. 이것은 사실 "진자의 주기는 그 질량과 진폭에 무관하다"는 진자의 등시성이있는데 그가 처음으로 이것을 발견했던 것이다. 이 성질은 시간의 절대성이라는 개념을 만들어내게 되고 이를 바탕으로 네덜란드의 호이겐스는 시계추라는 것을 발명하여 소위 정확한

'진자시계'를 만들어내게 된다. 이로 인해 인류는 시간을 천체의 운행이나 자연의 변화와 상관없이 아주 정확한 간격을 가진 시계를 얻을 수 있게 되었다. 이 진자시계가 인류에게 보급됨으로써 시간이라는 것은 측정할 때마다 변하는 것이 아닌 항상 일정한 길이를 가진 것으로 바뀌게 되었다.

이후로 사람들은 보다 정확한 시계를 만들기 위해 노력하기 시작했다. 호이겐스가 만든 진자시계는 오차가 하루에 10초 정도였는데, 그 전의 시계에 비하면 상당히 정확한 것이었다. 진자시계의 등장은 우리에게 시간을 더 세밀히 쪼갠 '분'이나 '초'라는 개념의 등장으로 이어졌고, 1927년에 이르러 소위 '수정시계'가 발명되었다. 이것은 수정의 얇은 판에 전압을 걸 때 일어나는 규칙적인 진동을 진자대신 이용하는 것이었다. 그 오차는 1개월에 약 15초 정도였다. 1955년에는 '세슘 원자시계'가 발명되었는데 이는 세슘 원자의 상태를 변화시킬 수 있는 특정한 전파의 진동을 진자나 수정 대신 이용하였다. 현재의 '1초'의 정의는 이 원자시계의 1초에 바탕을 둔다. 최신의 원자시계는 그 정확도가 3,000만년에 1초 정도이다. 이것보다 더 높은 정확도를 가진 시계는 우주 공간에 있는 '펄사'이다. 펄사는 극도로 규칙적으로 점멸하는 천체인데 그 오차는 1억년에 1초 정도 된다.

갈릴레이가 죽던 해 태어난 뉴턴에 의해 인류는 역사적인 과학의 시대로 접어들게 된다. 그는 시간이라는 개념을 지극히 중요하게 생각했던 인물이다. 우주 공간의 모든 물체는 운동하고 있고 그러한 운동을 이해하는 것이 물리학의 가장 중요한 것을 생각했던 뉴턴은 그 운동의 측정을 위해서는 절대적인 기준이 필요했다. 그에게 있어 그 기준은 바로 시간이었다. 그는 인류 역사상 가장 위대한 과학책이라 불리는 "자연철학의 수학적 원리"에서 '절대시간'이라는 개념을 도입했고, 이후 인류는 그의 이러한 패러다임에 속박되고 만다. 뉴턴의 그의 책에서 다음과 같이 말한다. "절대적인, 참된 수학적인 시간은 그 스스로 그것의 본성으로부터 외계의 어느 것과도 무관하게 균일하게 흐르는데 이것에 대한 다른 이름을 지속이라고 한다."

인류의 위대한 과학자 뉴턴의 아이디어 의해 우리는 이 절대적인 시간이라는 개념에 갇혀버리고 만다. 그가 생각한 절대 시간이란 물체가 있든 없든 그것과는 상관없이 오직 전적으로 일정한 템포로 흐르는 것이 것이었다. 우주에 시간을 측정하는 시계가 하나도 없다고 하더라도 뉴턴은 시간은 여전히 흐르는 것으로 생각했다. 그는 시계뿐만 아니라 모든 물질이 완전히 없어져 오직 공간만이 남아있다고 하더라도 시간은 계속 흐르는 것으로 생각했다.

당시 이러한 뉴턴의 생각에 반기를 든 사람도 있다. 독일의 라이프니츠는 "시간이란 복수의 사물의 순서관계에 지나지 않는다. 따라서 사물과는 상관없이 흐르는 절대 시간 따위는 존재하지 않는다." 라고 주장했다. 하지만 라이프니츠의 생각은 뉴턴의 엄청난 업적에 밀려 가려지게 되고 만다. 이후 인류는 근대과학의 발전과 함께 시간에 대한 절대성이라는 개념 속에서 살아가게 되었고, 뉴턴의 생각은 절대불변의 진리가 되어갔으며 이후 누구나 당연하게 생각하는 상식으로 굳어지게 되었다.

뉴턴의 절대시간이라는 개념이 나오고 약 250년이 지난 후 스위스 베른에 있는 특허사무국 직원으로 일하던 알버트 아인슈타인은 1905년 그리 알려지지 않은 학술지에 논문 하나를 발표한다. 이 논문에서 아인슈타인은 당시 지구 위 모든 사람들이 절대적으로 믿고 있었던 시간이라는 개념에 새로운 아이디어를 제공한다. 그는 논문에서 "운동하는 시계의 진행은 느려진다. 운동의 속도가 빛의 빠르기에 접근하면 시간의 지연은 강해지고, 빛의 빠르기에 도달하면 시간은 멈춘다." 라는 당시 상식하고는 전혀 다른 주장을 한다. 이 논문이 처음 나왔을 때 당시 이 주장에 관심을 둔 사람은 거의 없었다. 하지만 얼마 지나지 않아 250년 동안 인류의 사고를 지배해 왔던 뉴턴의 패러다임은 이 논문으로 무너지게 된다.

아인슈타인은 우주의 모든 것이 같은 시간을 기록한다는 뉴턴의 절대시간을 철저히 부정했다. 이로 인해 인류에게 있어 시간이라는 개념은 혁명적으로 바뀌기 시작한다.

아인슈타인의 특수상대성이론에 의해 계산을 해보면 시속 200km로 달리는 고속 열차의 시계는 기차역에 정지해 있는 시계에 비해 1초당 100조분의 2초가량 늦어진다. 시속 1,000km로 날아가는 비행기의 경우에는 1초당 100조분의 1초 정도 늦어진다.

이후 아인슈타인은 특수상대론을 발전시켜 1915년 일반상대성이론을 완성하였는데 일반상대론에 의하면 시간은 운동하는 관찰자뿐만 아니라 중력에 의해서도 느려진다는 사실을 알아냈다. 예를 들어 지구의 중심에서 멀어질수록 중력은 약해진다. 지구에서 가장 높은 해발 8,848m인 에베레스트 산 정상에서는 바다표면인 해발 0m에 놓인 시계에 비해 100년당 300분의 1초가량 빨리 가는 것으로 계산된다.

이렇듯 아인슈타인의 상대성이론은 뉴턴이 지배하던 절대 시공간의 개념에 혁명을 가져다주었다. 현대를 살아가고 있는 인류는 뉴턴의 패러다임이 아닌 아인슈타인의 상대성 원리에 바탕을 둔 패러다임 속에 살아가고 있다. 하지만 아인슈타인의 상대주의 개념이 절대적으로 옳은 것일까? 그것은 아니다. 미래에 또 다시 시간에 대한 새로운 개념이 나올지 알 수는 없다.

시간에는 뉴턴의 절대주의 역학체계나 아인슈타인의 상대성이론으로 설명되지 않는 것들이 있다. 그것은 바로 과거와 밀에 관한 것이다.

예를 들어 태양계 밖에서 발견된 알지 못하는 행성의 공전 운동을 기록한 영화를 받았다고 가정해보자. 우리는 이 행성에 대한 어떠한 정보도 알고 있지 못하며, 만약 이 영화필름이 중간위치에 감겨진 상태로 놓여있다고 할 때 이 영화의 재생 방향을 모를 경우 어떻게 될까?

이 영화필름을 어느 한쪽 방향으로 재생하면 오른쪽으로 회전하는 행성의 영상이 나오고, 다른 쪽 방향으로 재생하면 왼쪽으로 회전하는 행성의 영상이 나온다고 하자. 어느 쪽 방향으로 필름을 돌려도 어떤 부자연스러움을 발견하지 못한다면, 어느 쪽이 과거이고 어느 쪽이 미래인 것일까?

　뉴턴의 역학은 시간의 어느 쪽이 과거이고, 어느 쪽이 미래 인지를 알려주지는 않는다. 아인슈타인의 상대성이론 또한 마찬가지이다. 하지만 과거나 미래는 결코 바뀌지 않는다. 나의 아버지는 영원히 나의 아버지일 뿐 나의 아들이 되지는 않다 는 이야기이다.

　그러면 어떤 물리 법칙이 시간의 방향을 알려주고 있는 것 일까? 그것은 바로 우주의 시작과 진화와 관계되는 법칙이다. 우리는 우리의 일상생활에서 과거와 미래를 쉽게 구분할 수 있다. 원래 상태로 돌아가지 않는 과거가 우리 주변에는 너무 나 많기 때문이다. 예를 들어 깨진 컵은 다시 되돌아가지 못 한다. 기울어진 경사면을 굴러가다가 편평한 바닥에 이르러 어느 정도 가다 멈춘 공이 다시 방향을 반대로 바꾸어 경사 면을 거꾸로 올라가지는 않는다. 우리들 또한 시간과 더불어 늙어갈 뿐, 시간이 흐르면서 다시 젊어져 아기가 되지는 않는 다. 이와 같이 시간적으로 역전할 수 없는 과정을 '비가역과 정'이라고 한다. 우리가 과거와 미래를 구별할 수 있는 이유 는 바로 이러한 비가역과정이 존재하기 때문이다. 비가역과정 으로 인해 우리는 시간은 과거에서 미래로 흐른다고 생각한 다. 이를 영국의 물리학자 에딩턴은 시간의 방향성을 소위 '시간의 화살'이라고 표현했다. 뉴턴의 역학이나 아인슈타 인의 상대성이론에서는 시간에는 정해진 방향은 없는 것으로 되어 있다. 그렇다면 도대체 시간의 화살이 일어나는 것은 무 엇 때문일까?

시간의 화살을 가져다주는 이러한 비가역진인 변화가 생기는 원리는 바로 수많은 원자나 분자가 관련되어 있기 때문이다. 이러한 원리는 오스트리아의 물리학자 루트비히 볼츠만이 연구하였다.

볼츠만은 그 당시에는 증명되어 있지 않은 원자의 존재를 믿고 비가역적인 변화가 일어나는 원인을 탐구했다. 그는 원자들의 분산 상태를 시간의 개념과 더불어 고민했다. 볼츠만은 원자들의 분산 상태를 수학적으로 나타내기 위해 엔트로피라는 개념을 도입하였다. 그의 정의에 따르면 입자의 배치가 고르게 되어 있다면 엔트로피가 낮다고 하였고, 입자의 배치가 분산되어 있다면 엔트로피가 높다고 계산하였다. 예를 들어 처음에 커피만 있는 잔에 우유가 섞이게 된다면, 섞이지 않은 우유의 경우 엔트로피가 낮고, 우유에 커피가 섞인 이후에는 엔트로피가 높아진다. 커피가 우유에 섞인 이후 다시 우유에서 커피가 섞이게 되지 않은 상태로는 돌아올 수 없다. 즉 엔트로피가 높은 상태에서 낮은 상태로 되는 현상은 일어나지 않는다. 우주의 생성과 진화는 바로 이러한 엔트로피와 관계된다. 우주는 엔트로피가 점점 증가하는 상태로 변해갈 뿐이다. 우주 안의 모든 존재 또한 마찬가지일 수밖에 없다. 소위 '시간의 화살'의 원인은 바로 이 엔트로피 증가원리에 따른다. 우주 공간에 있어 시간은 이렇듯 엔트로피가 낮은 상태에서 엔트로피가 높은 상태로 흘러가게 되는 것이다.

우리에게 있어서 시간이란 무엇일까? 살펴본 바와 같이 시간의 개념은 고정되어 있는 것이 아니다. 앞으로 과학이 발전하면서 어떠한 새로운 개념의 시간이 나올지 알 수도 없다. 우리는 현재 있는 이 위치에서 시간에 대해 이해하고 있을 뿐이다. 시간에 대한 정확한 답은 인류의 한계밖에 존재하고 있는지도 모른다. 그 세계는 우리 인류가 이해할 수 없는 세계일 수밖에 없으며 완전한 답을 찾고자 함은 그 열정에서 멈추어야 할뿐이 그 이상은 욕심일 뿐이다.

## 16. 차원이란 무엇인가

19세기 영국의 신학자 에드윈 애벗의 책 〈플랫 랜드〉에는 다음과 같은 구절이 나온다.

"선이 아닌 선, 공간이 아닌 공간이 보였다. 내 자신도 내가 아니었다. 소리를 낼 수 있음을 알았을 때 나는 고뇌에 가득 찬 비명을 질렀다.

'머리가 이상해진 건가? 아니면 이곳은 지옥일까?'

그러자 공이 조용한 목소리로 말했다.

'그 어느 것도 아니다. 이것이 지식, 이것이 3차원이다. 다시 한번 눈을 뜨고 확실히 바라보라.'"

2차원 공간에 살고 있었던 주인공 스퀘어씨는 어느 날 3차원 세계에서 온 "공"과 만나 대화를 하던 중, 공이 스퀘어씨에게 높이를 설명하였지만, 스퀘어씨는 높이가 무엇인지 그 개념조차 이해할 수가 없었다. 이에 공은 스퀘어씨를 2차원 세계의 밖으로 끄집어내서 직접 3차원의 세계를 보여주는 구절이다.

차원이란 무엇일까? 우리는 차원을 어디까지 이해할 수 있는 것일까?

차원의 가장 대표적인 정의는 "차원이란 공간이나 도형이 넓어지는 정도를 나타내는 개념"이라 할 수 있을 것이다. 이러한 차원의 개념은 유클리드의 기하학에서부터 시작되었다고 볼 수 있다. 그는 그때까지 이루어진 성과를 바탕으로 〈원론〉이라는 책을 썼다. 유클리드는 이 책에서 가장 기본적인 기하학의 정의를 내렸다. 예를 들어보면 다음과 같다.

"점이란 부분을 갖지 않는 것이다.

선이란 폭이 없는 것이다.

면이란 길이와 폭만 가진 것이다.

입체란 길이와 폭과 높이를 가진 것이다."

차원에 대해 이야기한 사람 중에는 아리스토텔레스 또한 빼놓을 수 없다. 그는 "입체는 완전하며, 3차원을 넘는 차원은 존재하지 않는다."라고 말하였다.

이러한 고대의 차원에 대한 개념은 근대에 와서 데카르트에 이어진다. 그는 특히 좌표에 대한 개념을 확립했고, 차원에 대해 "차원은 한 점의 위치를 정하기 위해 필요한 수치의 개수이다."라고 하였다.

예를 들어 크기가 없는 점 안에서는 그 위치를 정할 수 없으므로 점은 0차원이다. 직선에서는 기준점에서 거리에 해당하는 한 개의 수를 주면 한 점의 위치가 정해진다. 반대 방향으로 나아갈 때는 그 수에 음수를 붙이게 된다. 따라서 직선은 1차원이다. 곡선도 원리는 똑같으므로 곡선 또한 1차원이다.

면은 경우에는 2차원이다. 가로와 세로의 두 개의 눈금을 지정하는 수치를 정하면 한 점의 위치가 정해지기 때문이다. 부피를 가지고 있는 물체의 표면 또한 2차원이다. 예를 들어 지구의 표면인 경우 위도와 경도로 그 위치가 정해지므로 2차원이다.

우리가 살아가고 있는 공간은 위도와 경도 외에 높이라는 정보가 하나 더 필요하다. 따라서 우리가 살고 있는 공간은 3차원이다. 이렇게 적절한 좌표를 설정하면, 우주 공간에 있는 태양계나 은하의 경우에도 공간 안의 위치를 3개의 수치로 나타낼 수 있다.

1차원과 2차원의 세계는 어떠한 차이가 있는 것일까? 1차원의 세계인 직선을 생각해본다면, 직선 위에 두 영역 A와 B가 있을 때 이들을 비교할 수 있는 것은 길이뿐이다. 2차원의 세계인 면 위에 있는 두 영역 A와 B는 넓이로 비교할 수 있다. 하지만 이 경우에는 넓이 말고도 다른 특징이 있다. 그것은 바로 형태라는 것이다. 즉 같은 넓이임에도 불구하고 기하학적 형태가 다르게 존재할 수 있다. 이러한 형태를 우리는 삼각형, 사각형, 원, 타원이라고 부르기도 한다. 형태를 다루는 수학인 기하학은 1차원에는 없고 2차원부터 가능하다. 각도나 회전이라는 말도 2차원에서나 의미가 있다. 1차원에 살고 있는 생명체는 앞과 뒤는 볼 수 있지만, 구부러져 있다든지, 곧은 직선인지는 알 수가 없다.

2차원과 3차원의 세계에는 어떤 차이가 있을까? 2차원에서는 넓이와 형태가 존재할 수 있었다. 3차원의 경우에는 이에 더해 부피가 존재한다. 이로 인해 입체적 형태가 가능해진다.

평면 도형에 여러 형태가 존재하듯이 3차원에도 삼각뿔, 원뿔, 정사면체, 정육면체, 구 등 다양한 형태가 있다. 하지만 2차원에서는 불가능하지만, 3차원에서는 가능한 것이 존재한다. 그것은 바로 3차원 입체를 관통하는 공간을 만들어 낼 수 있다는 것이다. 이는 3차원에 부피가 존재하기 때문에 가능하게 된다. 2차원에서는 이러한 뚫린 공간을 허용하지 않는다.

위에서 살펴본 바와 같이 3차원 공간에서는 입체뿐 아니라 2차원의 면, 1차원의 선, 0차원의 점이 존재할 수 있다. 2차원 평면에서는 1차원의 선, 0차원의 점이 존재한다. 이와 같이 어느 차원의 수를 가진 공간은 그보다 낮은 차원의 공간을 내부에 포함한다.

3차원과 2차원 사이에 있는 또 다른 중요한 관계가 있는데 그것은 바로 입체와 그림자의 관계이다. 3차원의 입체에 빛을 비추면, 2차원의 면 위에 그림자가 생긴다. 이러한 그림자의 모양은 원래의 입체에 따라 달라질 수 있다. 빛을 비추는 방향이나 각도에 의해 광원과 면 사이의 거리에 의해 다르게 나타난다. 예를 들어 3차원의 구인 경우 그림자는 원이나 타원이 되고, 직육면체의 경우에는 정사각형이나 직사각형 또는 육각형이 된다.

하지만 중요한 것은 그림자가 원이라고 해서 그 그림자의 원래 입체가 반드시 구는 아니다. 그림자가 원이 될 수 있는 입체는 구뿐만 아니라 원기둥 또는 원뿔이 될 수도 있기 때문이다. 만약 그림자가 정사각형이라고 한다면 그 원래의 입체는 정육면체나 직육면체 또는 사각뿔이 될 수도 있다. 여기에서 중요한 사실은 평면에 나타나는 입체의 그림자는 원래의 입체를 어느 방향에서 바라본 하나의 정보에 불과하다는 것이다. 이와같이 높은 차원의 입체와 도형에 의한 낮은 차원에 나타나는 그림자는 원래의 입체나 도형의 일부 정보밖에 포함하고 있지 않다.

우리는 3차원 공간과 1차원 시간이 더해진 4차원 시공간에 살고 있다. 우리가 보는 4차원 시공간은 더 높은 차원의 그림자는 아닐까? 그렇다면 우리가 알고 있는 모든 것이 전부가 아닐 수밖에 없다.

우리는 지금 4차원 시공간보다 더 높은 차원이 없다는 것을 증명할 수 있는가? 더 높은 차원이 존재한다면 진정 몇 차원까지 가능할 수 있을까?

그리스의 철학자인 플라톤은 그의 책 〈국가〉에서 '동굴의 비유'라는 이야기를 하고 있다. 그는 동굴의 벽에 비치는 그림자만 계속 바라보는 죄수는 그 그림자가 세계의 모든 것으로 생각한다. 그 죄수가 만약 동굴에서 나오지 못한다면 그림자를 만들어내는 원래의 세계를 모른 채 그는 일생을 마칠 수도 있다. 이를 통해 플라톤은 자신의 알고 있는 세계가 전부라고 생각하는 사람은 이러한 동굴에 갇힌 죄수가 다를 것이 없다고 말했다.

나는 오늘 내가 만나는 사람에 대해 얼마나 많이 알고 있는 것일까? 혹시 나는 그 사람의 일부만 알고 있는 상황에서, 즉 그의 그림자만 보는 것으로 그의 전부를 알고 있는 것처럼 그사람을 판단하고 있는 것은 아닐까? 나는 오늘 그의 그림자가 아닌 그의 진정한 모습에 대해 이해하려고 노력하고 있는 것일까?

내가 만나는 모든 사람들과 주위 환경, 사회적 현상 및 그 모든 것들은 나의 왜곡된 인식에 의해 잘못된 판단의 근거가 될 수도 있다. 내가 아는 것이 전부가 아니다. 나의 생각과 판단은 항상 틀릴 가능성이 존재한다. 그러한 가능성을 배제한다면 나는 그림자 하나만 보고 그 모든 것을 알고 있다고 생각하는 저차원의 세계에 살고 있다는 것을 증명하는 것밖에 되지 않는다.

## 17. 고차원의 세계란 무엇인가?

우리가 살고 있는 세계는 3차원 공간과 1차원 시간으로 이루어진 4차원 시공간이라는 것으로 알려져 있다. 정말 4차원 시공간이 맞는 것일까? 더 이상의 고차원은 존재하지 않을까?

아인슈타인은 그의 상대성이론에서 이 세계는 시간과 공간이 하나로 되어 있고 절대 끊을 수 없는 관계라고 주장하였다. 그의 이론이 옳다는 것은 여러 가지 실험으로 증명되었다. 적어도 우리가 존재하고 있는 이 세계는 4차원 시공간이다.

아인슈타인의 4차원 시공간은 시간의 1차원이 더해졌지만, 공간은 여전히 3차원이었다. 상대성이론 이후 1920년대에 이르러 공간이 4차원이라는 주장이 있었다. 이 이론을 주장한 사람은 독일의 테오도르 칼루자와 스웨덴의 오스카 클라인이었다. 칼루자는 일반 상대성 이론을 연구하던 중 상대성이론이 4차원 공간에서도 성립한다는 것을 알아냈다. 수식에서 가로 세로 높이에 또 하나의 방향을 더한다고 해도 이론에는 모순이 생기지 않는 것이다. 만약 공간이 4차원이면, 서로 다른 것으로 생각되던 중력과 전자기력을 하나의 이론에서 설명할 수 있다는 가능성을 제기했다.

　고차원 공간이라는 개념을 이용해 새로운 물리 세계를 구축하고자 했던 칼루자와 클라인의 이론은 성공하지는 못했다. 하지만 그들의 고차원적 세계의 가능성에 대한 탐구는 물리학 역사의 전면에 들어서게 된다.

　물리학에서 고차원의 세계를 고민하는 이유는 무엇일까? 그것은 바로 우리가 알고 있는 자연에 존재하는 4가지 힘, 즉 만유인력, 전자기력, 강력, 약력이 고차원 시공간에서 통일될 수 있는 가능성 때문이다. 이러한 이론을 아인슈타인은 대통일이론이라고 말하며 그의 여생을 보냈지만 결국 인류 역사상 가장 위대한 천재였던 그마저도 대통일이론을 완성하지 못하고 사망하였다.

　현대물리학에 의하면 이들 네 가지 힘은 소립자가 서로를 주고받으면서 전달된다. 소립자는 물질을 구성하거나 각종 힘을 전달하는 입자를 말하는데, 더 이상 분할할 수 없는 자연계의 최소 단위이다.

　전자기력은 광자라는 소립자를 통해 전달되는데, 어느 정도 떨어져 있어도 자석끼리 당기거나 반발하는 원인은 한쪽 자석에서 방출된 전자가 다른 한쪽의 자석에 도달하기 때문이다. 이와같이 광자끼리 서로 주고받는 과정을 통해 전자기력이 존재한다고 생각된다.

　흔히 물리학에서 말하는 통일이란 이제까지 별개로 생각되던 물질이나 현상의 이면에 존재하는 공통의 법칙을 발견하는 것을 말한다. 예를 들어 뉴턴은 천체의 운동이나 지구상에서 떨어지는 운동은 모두 만유인력의 법칙으로 설명할 수 있음을 보였다. 맥스웰은 전기와 자기의 힘을 전자기력으로 통합해 설명하는 이론을 만들어냈다.

자연에 존재하는 네 가지 힘을 통일하려는 노력은 아인슈타인의 사후 끊임없이 연구되어 처음으로 전자기력과 약력을 통일시키는 이론이 성공되었다. 이는 미국의 셸던 글래쇼, 스티븐 와인버그, 그리고 파키스탄의 압두스 살람이 1960년대에 발표하여 '전약 통일이론' 또는 '와인버그-살람 이론'이라고 불린다. 현재는 강한 핵력을 더한 세 가지 힘을 통일하는 이론도 성공하여 이를 '양자색역학'이라고 부른다.

서로 다른 힘을 통일하기 위해서는 원래 같은 힘인 것이 어떤 원인으로 다른 힘처럼 보이는지 그 원리를 밝혀내야 한다. 결국 중력을 다른 세 가지 힘과 통일하기 위해서는 본래 다른 세 가지 힘과 같은 정도로 강한데도, 중력만이 압도적으로 약해 보이는 이유를 설명할 수 있어야 한다. 사실 중력이 다른 세 가지 힘과 원래 같은 힘이라는 근거는 없다. 하지만 많은 물리학자들은 그 가능성에 무게를 두고 있다. 그리고 중력만 유독 약한 이유를 설명하기 위해 고차원 공간이 등장하게 된 것이다.

만약에 4차원 이상의 고차원 공간이 있다면 어떤 일이 일어날까? 물리학자들은 고차원 공간이 존재하면 중력이 4차원 이상의 방향으로도 퍼지기 때문에 우리가 있는 3차원 공간에서는 약하게 보인다고 주장하기도 한다. 이 세계에는 3차원 이외에 우리가 감지할 수 없는 차원이 있고, 중력이 그 방향으로도 전해진다면 중력은 4차원 이상의 공간으로 확산되어 엷어진다. 우리가 감지할 수 있는 3차원 공간에는 중력의 일부밖에 전해지지 않기 때문에 약해 보인다.

칼루자와 클라인은 중력과 전자기력을 통일하기 위해 4차원 공간을 생각했지만, 결국 통일이론에 이르지는 못했다. 하지만 고차원 공간이라는 그들의 아이디어는 살아남았다. 그리고 그들의 아이디어는 1980년대 부활하게 된다. 이것이 바로 '초끈 이론'이다.

초끈 이론은 자연의 최소 단위인 소립자를 미세하게 진동하는 끈이라 생각하는 이론이다. 이것은 영국의 마이클 그린과 미국의 존 슈워츠에 의해 제창된 것으로 그들은 10차원 시공간이 존재한다고 주장했다. 하지만 10차원 시공간의 존재를 예언했다고 하더라도, 초끈 이론은 아직 미완성이론이며 증명되지는 않았다. 고차원 공간의 아이디어를 이용하여 중력이 약한 이유를 설명하려고 하는 노력은 초끈 이론 외에도 다수 등장하여 활발히 연구되고 있다.

우리가 살고 있는 이 세계는 3차원 공간이라고 생각되는 것이 상식이다. 현대물리학이 주장하는 고차원 공간은 어떻게 존재하고 있는 것일까? 고차원 공간이 존재해도 우리가 그것을 인식할 수는 있는 것일까?

물리학자들은 고차원 공간이 존재한다고 하더라도 그것이 매우 작기 때문에 우리는 알아차리지 못한다고 한다. 이러한 숨어 있는 고차원 공간을 알아차리지 못하는 것은 높은 건물 위에서 아래 거리를 내려다보면 지면만을 볼 수 있을 뿐이다.

즉 지면에 존재하는 것들은 분명 3차원 공간에 있지만, 건물 위에 있는 사람은 2차원으로 인식한다는 것이다. 건물 위 사람이 생각하는 지면의 2차원이 실질적으로는 3차원이라는 것이다.

현대물리학이 말하는 고차원 공간의 크기는 원자보다 훨씬 작은 것이라고 생각된다. 우리가 건물 위에서 지면에 숨어 있는 차원을 알아차리지 못하는 것과 마찬가지로 물리학이 예언하는 고차원 공간도 너무 작아 알 수가 없다는 것이다. 칼루자와 클라인은 그들의 이론에서 3차원을 넘는 차원을 둥글게 마는 방법으로 차원을 숨겼다. 이러한 것을 흔히 '콤팩트화'라고 말한다. 2차원 평면을 둥글게 말아서 반지름을 작게 하면 1차원이 된다. 보이지 않는 차원은 사라지는 것이 아니라 숨어 있는 것이다.

콤팩트화라는 아이디어에 의하면 우리가 사는 세계가 4차원 공간이라면 3차원을 넘는 1차원만큼의 차원이 둥글게 말려서 숨어 있다는 의미이다. 이렇게 콤팩트화된 공간의 존재를 알아차리지 못하기 때문에 우리는 세계를 3차원으로 인식할 뿐이다.

3차원이 넘는 만큼의 공간 차원을 흔히 '여분 차원'이라고 한다. 3차원이 넘는 여분 차원을 콤팩트화 함으로써 관측된 실험 결과나 물리학 법칙과 모순되지 않게 하여 고차원 공간의 존재가 가능해진다. 콤팩트화된 여분 차원의 수는 단지 하나라고 한정할 수는 없다. 일부 물리학자에 의하면 9차원 공간인 경우 6개의 여분 차원도 가능하다고 주장한다.

숨어 있는 여분 차원을 우리가 쉽게 인식하지 못하는 것과 마찬가지로 우리가 현재 알고 있는 것이 전부가 아닐 수 있다. 하지만 우리는 지금 알고 있는 것이 마치 전부인 것처럼, 그것을 기준으로 생각하고 판단한다. 자신이 알고 있는 것이 항상 옳고 본인이 생각하는 것이 정답이라고 확신하여 살아가고 있다. 하지만 우리가 알 수 없고, 볼 수 없으며, 인식하지도 못하는 것은 얼마든지 존재할 수 있다는 것을 염두에 두어야 하지 않을까?

건물 위에서 지면을 바라보고 2차원의 세계만 생각하는 것과 마찬가지로 우리 또한 매일의 삶에서 우리가 보는 것이 전부라 생각하며 살아가고 있는 것인지도 모른다. 나에게 보이는 것이 모두가 아니며, 나에게 보이지 않는 것들도 무수히 많다는 사실을 마음속에 새길 때 진정한 세계를 이해할 수 있는 가능성이 존재하는 것이 아닐까?

## 18. 여분 차원이란 무엇인가

　현대물리학에서 주장하고 있는 여분 차원이란 무엇일까? 사실 공간의 콤팩트화는 3차원을 넘어서는 차원을 알아차리지 못하는 곳에 숨기는 방법으로 매우 효과적이다. 이로 인해 자연계의 최소 단위인 소립자의 움직임이나 성질을 이해하려는 초끈 이론에서 공간의 콤팩트화를 이용한다.

　초끈 이론에서는 소립자를 진동하는 작은 끈으로 생각한다. 소립자에는 물질의 형태를 구성하는 것과 힘을 전달하는 것이 있다. 이 이론에서 여러 가지 물체에 보이는 소립자의 형태는 모두 미세한 끈이며, 끈이 진동하는 방법의 차이에 따라 서로 다른 소립자로 보인다고 주장한다. 따라서 이미 발견되어 있는 소립자와 끈의 진동 방법을 잘 대응시켜야 한다. 하지만 현실 세계의 소립자를 3차원 공간에서의 끈의 진동만으로 설명하는 데에는 어려움이 많은 것이 사실이다.

　중요한 것은 차원이란 움직일 수 있는 방향이기에 초끈 이론에서는 공간을 9차원이라고 생각하면 여러 가지 끈의 진동 상태를 생각할 수 있기 때문에 현실 세계와 들어맞을 가능성이 있다.

초끈 이론에서는 9차원 공간과 1차원 시간을 합친 10차원 시공간을 생각한다. 차원이 많으면 그만큼 더 많은 진동 상태를 생각할 수 있고, 현실 세계와 정합성을 택할 수 있으며, 수학적으로 모순되지 않는 이론을 만들 수가 있다. 즉, 소립자는 끈으로 되어 있다는 생각을 전개시켜 나가면 세계는 9차원 공간이라는 결론이 나온다는 것이다.

초끈 이론에서는 구 종류의 끈을 생각한다. '닫힌 끈'과 '열린 끈'이다. 닫힌 끈이란 끈의 양 끝을 이어 고리 모양의 고무줄 같은 상태를 말하며, 열린 끈이란 양 끝이 이어지지 않은 상태를 말한다. 초끈 이론에서 열린 끈은 '브레인(brane)'이라는 막처럼 펼쳐진 영역에 붙어서 이리저리 움직인다고 하며, 닫힌 끈은 브레인에 붙는 끝이 없기 때문에 브레인에서 떨어져 움직일 수 있다고 한다.

초끈 이론에서는 중력을 전달하는 소립자인 중력자를 고리처럼 닫힌 끈으로 나타낸다. 물질을 구성하는 소립자나 전자기력을 전달하는 소립자 등 기타 소립자는 열린 끈으로 나타낸다. 브레인은 우리가 살아가고 있는 3차원 공간을 말한다. 즉, 우리가 살아가는 세계의 물체나 전자기력 등의 힘(열린 끈)은 3차원 공간의 세계(브레인) 속에서만 움직일 수 있고, 중력(닫힌 끈)은 3차원 공간에 구속되지 않고 더 높은 차원의 공간으로 움직일 수 있다.

여분 차원의 크기는 얼마 정도나 될까? 어떤 물리학자는 여분 차원은 둥글게 말려서 미세한 끈과 같을 정도로 플랑크 상수 정도로 작다고 주장하기도 하기도 하고, 어떤 물리학자는 여분 차원의 크기가 1mm 정도일 가능성도 있다고 주장하기도 한다.

1999년 리사 랜들과 라만 순드룸은 여분 차원을 이용해 중력이 약한 것을 설명하려는 이론을 발표했다. 이를 'RS 모델'이라고 부른다. RS 이론은 3차원 공간과는 다른 공간이 있으며 그들 두 공간을 크게 휘어진 여분 차원이 연결하고 있다고 생각한다. 우리의 세계와는 다른 브레인에서는 중력이 매우 강하다. 그 강한 중력이 여분 차원을 통해 우리에게 전해질 때 희박해짐으로 인해 약해진다는 것이다. 여분 차원이 우리 세계에서 어느 정도의 크기가 되는지는 휘어지는 방식에 달려 있다고 한다. 휘어지는 것이 심할수록 여분 차원은 작아진다.

우리가 살아가고 있는 세계는 진정 어느 정도의 여분 차원이 있는 것일까? 우리는 그러한 여분 차원을 실험적으로 확인할 수 있을까? 우리는 시공간의 정체성을 이해할 수 있을까? 현대물리학이 탐구하는 시간과 공간에 대한 연구는 어쩌면 인간의 한계를 점점 더 넓히기 위한 도전인지도 모른다.

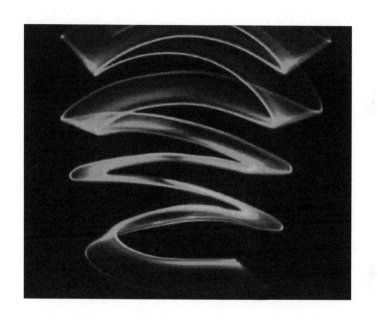

## 19. 고차원의 증거를 찾아서

고차원의 존재를 예측하는 이론만으로는 고차원 공간이 있다는 증거가 되지는 않는다. 실험이나 관측으로 실제 공간이 몇 차원인지 확인하여야 한다. 우리가 살고 있는 이 세계가 몇 차원 공간인지를 확인하는 것은 중력이 전해지는 방식을 살펴보면 된다.

중력은 질량을 가진 물체 주위에 작용하는 인력으로 물체의 질량이 클수록 커다란 중력이 작용한다. 이러한 만유인력은 어떻게 전달되는 것일까?

아이작 뉴턴은 달에 작용하는 지구 중력의 세기를 계산하고 난 후, "질량을 가지 두 물체 사이에는 그 질량에 비례하고 물체 사이의 거리의 제곱에 반비례하는 인력이 작용한다." 라는 만유인력 법칙을 발견했다.

여기서 거리의 제곱에 반비례한다는 것은 어느 물체로부터의 거리가 2배가 되면 중력은 4분의 1이 되고, 거리가 3배가 되면 중력은 9분의 1이 된다는 의미이다.

지구 주위에 생기는 중력을 모형적으로 가정해 지구의 중심에서 주위의 모든 방향을 향해 중력을 나타내는 선이 균등하게 뻗어 있다고 생각해보자. 이때 선의 밀도가 높을수록 그 장소에서 중력이 센 것을 의미한다. 지구의 중심에서 거리가 2배가 되면 선의 밀도가 4분의 1이 된다.

만약 세계가 2차원이었다고 가정하면, 중력을 나타내는 선은 2차원의 평면에 균등하게 퍼진다. 그로 인해 중력의 세기는 거리의 1제곱에 반비례하게 된다. 지구 중심에서 거리가 2배가 되면 선의 밀도는 2분의 1이 될 것이다. 이것으로부터 공간 차원의 수에 의해 중력이 전해지는 방식이 바뀐다는 것을 알 수가 있다. 중력의 세기가 거리의 2제곱에 반비례한다는 만유인력의 법칙은 이 세계가 3차원 공간이라는 것과 마찬가지이다.

하지만 만유인력의 법칙에는 검증되지 않은 것이 남아있다. 극히 짧은 거리에서도 중력의 세기는 거리의 제곱에 반비례하는지는 아직 정확히 확인되지 않았다. 공간 차원의 수에 따라 중력이 전해지는 방식은 달라진다. 이론상 중력의 세기는 거리의 제곱에 반비례한다는 사실이 알려져 있다. 예를 들어 5차원 공간이면 거리의 4제곱에 반비례한다. 거리가 2배가 되면 중력의 세기는 16분의 1이 되는 것이다.

이는 공간 차원이 높으면 거리가 멀어짐에 따라 중력이 급격하게 약해진다는 의미이다. 달리 말하면 거리가 가까우면 중력은 급격히 강해진다.

이 세계에는 3차원을 넘어서는 고차원이 존재하며, 작게 뭉쳐져 숨어 있을지도 모른다. 만약 작게 숨겨진 고차원 공간의 중력 세기를 잴 수 있으면 3차원 공간보다 강한 중력이 측정될 것이다. 만약 근거리에서 중력이 급히 강해지는 현상을 관측할 수 있으면 여분 차원이 존재함을 보여주는 증거가 된다.

여분 차원이 원자 등보다 훨씬 작은 것이라면 중력의 세기를 직접 측정하기는 어렵다. 이 경우 검증에는 입자가속기가 필요하다. 가속기는 양성자 등의 입자를 광속 정도의 속력으로 가속하여 충돌시켜 이때 일어나는 현상을 관측하는 장치이다. 가속기를 사용한 실험에는 가속된 입자끼리 정면충돌시켜 그때 어떤 현상이 일어났는지를 분석한다. 입자끼리 충돌하면 충돌 전에는 없었던 입자가 새로 생성된다. 이는 충돌에너지가 새로운 입자로 바뀌었음을 말한다. 여분 차원이 존재하면 입자의 충돌 때 3차원 공간에서는 일어나지 않는 현상이 나타날 가능성이 있다.

가속기를 사용해 고차원 공간을 검증하는 방법 중의 하나는 고차원 방향으로 움직이는 입자의 흔적을 찾는 것이다. 이러한 입자는 고차원 물리학을 처음으로 생각한 물리학자의 이름을 따서 '칼루자-클라인 입자'라 부른다.

칼루자-클라인 입자의 탐색은 유럽입자가속기 연구소에 설치되어 있는 'LHC'에서 이루어지고 있다. 중력을 전하는 소립자인 중력자가 고차원 방향으로 움직일 때 이를 '칼루자-클라인 중력자'라고 부른다.

중력자는 그 질량이 0이라고 생각된다. 하지만 고차원 방향으로 움직이는 칼루자-클라인 중력자는 3차원의 우리에게는 질량을 가진 것처럼 보인다고 생각된다. 칼루자-클라인 중력자가 고차원 방향으로 운동하는 모습을 직접 관측할 수는 없

기 때문에, 어디까지나 3차원 공간의 관측 결과로부터 칼루자
-클라인 중력자가 고차원을 어떻게 운동했는지를 추정하게
된다. 고차원 방향에서의 운동이 격렬할수록 무거운 입자로
나타난다.

가속기를 사용한 고차원 공간의 검증 방법 중 다른 하나는
작은 블랙홀의 흔적을 찾는 것이다. 고차원 공간이 존재한다
면 LHC에서 입자끼리 부딪치게 함으로써 작은 블랙홀을 만
들 수 있을지도 모른다. 블랙홀이란 거대한 항성의 중심 부분
이 중력을 통해 높은 밀도로 압축됨으로 인해 생기는 천체이
다. 하지만 항성에 그치지 않고 어떤 물질이든지 매우 밀도
높게 압축이 되면 블랙홀이 된다고 한다.

만약 칼루자-클라인 중력자나 미니 블랙홀 등 고차원 공간
의 증거가 실제로 발견이 된다면, 인류가 생각하는 3차원 공
간이라는 아주 오래된 상식은 무너지게 될 것이다. 그러한 날
이 올지 오지 않을지는 모르나, 진리는 여전히 숙제로 남겨져
있다는 사실은 변하지 않고 있다.

## 20. 우주의 미래는 어떻게 알 수 있을까?

  우주의 개폐 여부를 따질 수 있는 가장 확실한 방법은 우주의 밀도가 현재 얼마인가를 알아내는 일이다. 중력에 기인한 우주의 수축과 팽창의 균형이 프리드만 방정식으로 쉽게 서술됨을 알 수 있었다. 우주 내부 임의의 구 중심에 작용하는 중력의 크기는 물질의 평균 밀도에 비례한다. 한편, 허블 상수 H의 관측값으로 팽창의 운동에너지를 계산할 수 있으며, 측정된 허블 상수와 프리드만 방정식으로부터 팽창과 중력 수축이 정확하게 평형을 이룰 수 있는 밀도의 임계 값을 알아낼 수 있다. 측정된 현재 우주의 평균 밀도가 이 임계 밀도보다 작다고 판명된다면, 우리는 열린 우주에 살고 있는 셈이다. 임계밀도의 크기는 $d_c = 3H^2/8\pi G = 5 \times 10^{-30} gm/cm^3$ 으로 주어지는데, 이 한계 밀도를 수소 원자의 개수 밀도로 표시하면, 3개$/m^3$가 된다.

  우주에 들어있는 물질의 총질량을 측정하여 평균 밀도를 계산해 보면, 이 임계 밀도보다 꽤나 작은 것으로 나타난다. 전 우주의 평균 밀도가 사실상 $10^{-31} gm/cm^3$에 불과하며, 이는 임계 밀도의 약 2%에 해당하는 미소한 양이다.

우주가 별의 형태로 나타나는 물질, 즉 빛을 발하는 물질만으로 채워져 있는 것은 아니므로, $10^{-31}gm/cm^3$은 우주의 실제 평균 밀도의 하한값에 불과하다.

안드로메다 성운 같은 나선 은하들의 회전 속도를 관측하여 보면, 은하 중심에서 10만 광년이나 떨어진 곳에서도 물질이 회전하고 있음을 알 수 있다. 측정된 회전 속도의 크기에서, 그 속도가 측정된 지점에서부터 중심까지에 존재하는 물질의 총 질량을 추산해 볼 수 있다. 그 결과 상당량의 질량이 은하의 헤일로우에 존재하고 있음이 밝혀졌다. 헤일로우에는 경량급 항성이거나 진화를 거쳐서 붕괴된 중량급 항성의 잔재들이 있다고 믿어진다.

회전 속도의 측정에서 은하의 총질량을 알 수 있으므로, 빛을 발하지 않는 물질의 실제량을 따로 알아낼 수 있다. 그 결과 은하 질량의 상당량이 빛을 내지 않는 어두운 물질로 구성되어 있음을 알 수 있다. 한 은하의 회전 속도를 측정하여 알 수 있는 질량은, 은하의 중심에서 회전 속도가 측정된 지점 내부에 있는 모든 질량이다. 그러나 서로 맞물려 돌고 있는 쌍 은하계의 경우, 한 은하의 궤도 속도를 측정하면 상대방 은하의 전 질량을 추정할 수 있다. 최소한 궤도 내부에 존재하는 질량의 총량을 알 수 있다는 것이다. 그 결과 은하에 물질이 분포되어 있는 영역이 밝게 빛나는 부분보다 실제는 훨씬 더 넓다는 사실을 알 수 있다. 그러나 바깥 부분에 존재하는 어두운 물질의 질량을 다 합하더라도 우주의 평균 밀도가 임계 값에 못 미치는 실정이다.

그러므로 은하나 은하단에 존재하는 물질의 총량이 우주를 닫힌 우주로 만들기에는 역부족이라고 결론 지을 수 있다.

닫힌 우주론이 안고 있는 가장 큰 난제는 만약 우주가 닫혀 있다면 숨겨진 질량이 어떤 형태로 존재하는가에 대한 것이다. 숨겨진 질량에 대한 그럴듯한 후보를 제시할 수도 있겠으나, 제시된 물질이 관측 가능한 현상을 보이지 않는 한, 그 후보 물질을 전적으로 신뢰할 수는 없다.

열린 우주에서는 은하가 완전히 소모되어 별들도 모두 죽어 버리고 재생의 기회가 전혀 없다는 점이 열린 우주의 단점이다. 중력이 팽창을 제어할 수 없으므로 우주가 한참 팽창하고 나면 중력의 효과는 점점 무시될 수 있게 된다. 그리고 우주는 점점 더 어두워질 것이며, 핵에너지의 공급이 점점 줄어들면서, 별을 구성하고 있는 물질은 자체 중력을 이길 수 없어 수축한다. 은하 그리고 은하단들까지도 수축하여 거대한 블랙홀로 된다. 궁극에 가서 모든 물질이 매우 차갑게 식어서 절대 온도 영도로 된다. 모든 힘의 작용이 없어져서 불변의 상태로 돌입한다. 이것이 무한히 팽창하는 우주의 운명이다.

닫힌 우주에서도 은하는 물론 소진하겠지만, 은하 간 물질이 존재하는 동안 새로운 은하들이 생성될 수 있다. 닫힌 우주에서는 중력이 언제나 중요한 요인으로 작용하게 된다. 우주의 어느 곳을 가든지, 자체 중력이 팽창을 저지시킬 때가 언젠가는 오게 마련이다. 은하에서 방출되는 복사가 비록 흐

리다고 할지라도 우주를 따뜻하게 유지시킬 것이며, 우주는 적정 크기까지 팽창한 다음 결국 다시 수축하게 된다. 수축 때문에 복사 밀도도 증가한다. 은하와 은하들이 서로 부딪혀 깨진다. 별들도 서로 충돌한다. 수축이 계속 진행됨에 따라 모든 구조가 모조리 깨져버리는 상황에 도달하는데, 이를 대압축이라고 한다.

현대 물리학적 지식을 가지고는 대압축 이후의 세상에 대해 아무것도 얘기할 수 없다. 물질 구조에 관한 일반론을 닫혀진 우주에 그저 적용시켜 볼 따름인데, 결국 대폭발 당시의 무한 고밀도 상태의 특이점이 우리를 기다리고 있다고 할 수 있다.

허블 우주 망원경

1980년대 우주 공간에 우주 망원경(space telescope)인 허블 우주 망원경을 올려놓아 관측 천문학의 새로운 경지를 열었다. 이 망원경의 구경은 2.4m로 지상에 있는 대형망원경에 비해 크진 않지만, 지구 대기 때문에 겪게 되는 여러 가지 문제점을 해결하여 정밀도에 있어 월등하다. 아주 먼 거리에 있는 은하들을 많이 관측할 수 있으며, 이러한 은하들의 분광 사진도 찍을 수 있게 됨으로써 젊은 은하에 대한 많은 정보도 얻을 수 있다. 일단 은하의 진화 양상을 이해한다면, 우주 공간의 곡률을 측정하는 데 겪었던 여러 가지 장애물을 쉽게 제거할 수 있다.

## 21. 초전도체란 무엇일까?

도체와 부도체는 온도가 올라가면 전기 저항이 증가한다. 물체를 이루는 원자들의 운동이 활발해져 전자의 진행을 방해하기 때문이다. 온도가 올라가면 전기 저항이 증가한다는 것은 온도가 내려가면 전기 저항이 작아진다는 것을 의미한다. 실제로 물질의 비저항은 온도가 내려가면 작아진다. 그러나 절대 0도 부근에서는 갑자기 전기 저항이 0이 되는 일이 일어난다. 전기 저항이 0인 물질을 초전도체라고 한다.

초전도현상은 1911년 액체 헬륨을 이용하여 절대 0도 부근에서 수은의 전기 저항을 조사하던 온네스(Kamerlingh Onnes)에 의해 처음 발견되었다. 그는 수은의 온도를 낮추어 가자 4.2K에서 갑자기 전기 저항이 0으로 변하는 것을 발견하였다. 1913년에는 납이 7K에서 초전도체로 변한다는 것이 발견되었고, 1941년에는 니오븀이 16K에서 초전도체로 변하는 것이 발견되었다.

1933년 마이스너와 옥센펠트는 초전도체가 모든 자기장을 밀어낸다는 마이스너효과를 발견하였다. 1935년에 런던이 마이스너 효과는 초전도체에 흐르는 미세한 전류 작용에 의한 것임을 밝혀냈다. 1950년에는 란다우와 긴츠부르크가 초전도체에 관한 긴츠부르크-란다우이론을 발표하였다. 상변화에 관한 란다우의 이론과 파동함수를 결합한 이 이론은 초전도체의 거시적인 성질을 설명하는데 성공하였다. 아브리코소프는 긴츠부르크-란다우 이론을 이용하여 초전도체를 I형과 II형으로 나눌 수 있다는 것을 보여주었다. 초전도 현상을 설명하는 완전한 이론은 바딘, 쿠퍼, 슈리퍼에 의해 1957년 제안되었다. BCS 이론이라 불리는 이들의 이론에 의하면 초전도 현상은 전자들이 포논을 주고 받는 상호작용을 통해 형성한 쿠퍼쌍이라고 부르는 전자쌍이 초유체 성질 때문에 나타난다.

전자들은 음전하를 띠고 있기 때문에 서로 전기적으로 반발한다. 그러나 물질을 이루는 원자들의 원자진동과의 상호작용으로 인하여 어떤 경우에는 전자들 사이에 인력이 작용하여 전자가 쌍을 이루게 된다. 이렇게 형성된 전자쌍을 쿠퍼쌍이라고 한다. 이렇게 전자가 쌍을 이루면 전자의 에너지 상태는 보통의 상태보다 낮아져서 보통의 상태와 초전도 상태 사이에는 일정한 에너지 틈이 생긴다. 초전도체에서는 쿠퍼쌍을 이룬 전자의 에너지 상태와 보통의 전자 상태 사이에 생긴 에너지 틈으로 인해 원자들과 상호작용을 하지 않게 되어 전자는 에너지를 잃지 않고 계속 진행할 수 있는 것이다. 후에 과학자들은 BCS이론이 임계 온도 부근에서는 긴츠부르크-란다우 이론과 같게 된다는 것을 증명하였다.

1962년에는 미국의 웨스팅하우스에서 최초로 니오븀과 티타늄 합금을 이용해 초전도체 도선을 생산하였다. 같은 해에 영국의 조셉슨은 두 초전도체 사이에 얇은 부도체가 끼어 있을 때 이 초전도체 사이에 초전류가 흐를 수 있다는 것을 이론적으로 예측하였다. 조셉슨 효과라고도 부르는 이 현상은 정밀한 과학 실험에 널리 응용되고 있다. 2008년에는 일부 과학자들에 의해 초전도체가 만들어지는 것과 같은 현상을 통해 전기 저항이 무한대인 초절연체가 만들어질 수도 있다는 것이 밝혀지기도 하였다.

보통의 물체가 초전도체로 변하는 온도를 임계 온도라고 한다. 초전도체의 임계온도는 원자의 진동에너지와 밀접한 관계가 있다. 대부분 금속의 임계온도는 절대온도 10도 보다 낮으며, 합금의 경우에는 절대온도 23도 보다 낮다. 저항이 없는 초전도체는 여러 가지로 유용성이 큰 물질이지만 임계온도가 이렇게 낮기 때문에 경제성이 적다. 낮은 온도를 유지하는데 많은 비용이 들기 때문이다. 그래서 과학자들은 높은 임계온도를 가진 초전도체를 만들어 내려고 노력하고 있다.

1986년까지 과학자들은 BCS 이론에 의해 절대온도 30K 이상에서는 초전도체가 만들어질 수 없다고 생각하였다. 그러나 1986년 스위스의 베드노르츠(J. Bednorz)와 뮐러(K. Muller)가 임계온도가 35K인 란탄늄을 기반으로하는 산화구리 초전도체를 만들어냈다. 이어 1987년 알라바마대학의 우(M. K. Wu) 등이 란탄늄 대신 이트륨을 기반으로 해서 임계 온도가 92K인 초전도체를 만드는데 성공하였다. 이 초전도체의 임계 온도는 액체질소 온도인 77K보다 높다. 액체질소 온도는 큰 비용을 들이지 않고 쉽게 만들 수 있기 때문에 이런 높은 임계온도를 가지고 있는 초전도체는 실용성이 크다.

극저온 초전도체가 만들어지는 원인이 BCS 이론으로 설명되었던 것과는 달리 고온 초전도체가 만들어지는 원인에 대해서는 아직 설명하지 못하고 있다. 고온 초전도체가 만들어지는 원인을 규명하게 되면 우리가 일상생활을 하는 온도에서 초전도체로 변하는 상온 초전도체의 개발도 가능할 것으로 생각된다.

연구가 진행되면서 계속 더 높은 임계온도를 가지는 초전도체가 개발되었다. 1993년에는 탈륨, 수은, 구리, 바륨, 칼슘과 산소를 포함하고 있는 세라믹 물질의 임계온도가 138K인 것을 발견하기도 하였다. 2008년에는 철을 기반으로 하는 고온 초전도체가 개발되기도 하였다.

초전도체를 이용하면 강한 자기장을 만드는 것이 용이해진다. 자기장을 만들기 위해서는 전류를 흘려야 하는데 저항이 있는 경우에는 많은 열손실이 생기게 마련이다. 그러나 저항이 없는 초전도체를 이용하면 열손실을 염려할 필요 없이 강한 자기장을 만들어낼 수 있어 자기 부상 열차, 자기 추진선과 같은 교통수단의 혁명을 가져올 수 있다. 또한, 초전도체는 전기 에너지의 저장, 초전도 발전기, 무손실 송전 등에도 사용될 수 있을 것이다.

## 22. 혼돈이론


뉴턴 시대의 과학자들은 자연에서 일어나는 모든 현상은 정확히 역학 법칙에 따라 운동하고 있으므로 어떤 순간의 상태를 정확히 알면 다음 순간 어떤 일이 일어날 것인지를 정확하게 예측할 수 있을 것이라고 생각하였다. 이러한 생각은 뉴턴 역학을 수학적으로 크게 발전시킨 라플라스(P. Laplace)에 이르러 절정을 이루었다. 라플라스는 어떤 순간 우주에 있는 모든 입자들의 위치와 속도를 알 수 있다면 운동 방정식으로부터 우주의 미래를 예측할 수 있을 것이라고 생각하였다. 이러한 결정론에 의하면 같은 초기 조건에서 출발한 우주는 단 하나의 결과밖에는 가져올 수 없으므로 우주가 처음부터 새로 시작한다고 해도 초기 조건이 같다면 모든 일들이 그대로 재연될 것이라고 하였다.

그런데 1963년에 미국의 기상학자 로렌츠(E. Lorenz)는 다양한 기상현상을 기술할 수 있는 기상 모델을 찾기 위하여 세 개의 변수과 세 개의 방정식으로 이루어진 연립방정식을 초보적인 컴퓨터를 이용하여 풀려고 시도하였다. 방정식의 해는 매개변수의 값에 따라 크게 달라지는데 어떤 매개 변수

값에서는 매우 불규칙한 결과를 나타내었다. 그의 기상 모델은 매우 간단한 모델이었지만 나타난 결과는 매우 복잡하고 불규칙한 것이었다.

이것은 매우 놀라운 발견이었다. 오랫동안 우리는 복잡한 자연현상은 복잡한 방정식으로 표현될 것으로 짐작하고 있었다. 그런데 간단한 방정식으로부터 복잡한 현상이 나타날 수 있다는 것은 우리 주위에 복잡한 현상들을 간단한 방정식으로 나타낼 수 있는 가능성을 보여 준 것이었다. 그동안 복잡한 현상이라고 생각하여 다루기를 꺼려하던 많은 현상들을 간단한 방법으로 다룰 수 있을 지도 모른다는 생각을 하게 되었다.

로렌츠가 그의 기상 모델을 이용한 분석에서 또 하나 알게 된 것은 이 방정식들의 해가 초기 조건에 매우 민감하다는 것이었다. 약간 다른 초기 조건을 이용하면 처음에는 비슷한 운동을 하지만 점차 그 차이가 증폭되어 긴 시간이 흐른 후에는 전혀 다른 운동을 하게 된다는 것을 알게 되었다. 이렇게 결과가 초기 조건에 민감하게 의존하는 현상을 나비효과(butterfly effect)라고 부른다. 로렌츠가 그의 기상 모델에서 발견한 나비효과는 비선형 방정식으로 표현되는 역학계의 공통적인 현상이라는 것이 밝혀져 비선형 방정식을 선형 방정식으로 근사시켜 해를 구해온 종래의 방법에 문제가 있음을 알게 해주었다.

오랫동안 대부분의 전통적인 물리학자들은 잘 풀리지 않는 비선형 방정식을 푸는 대신 비선형 방정식을 그 식에 가장 근사한 선형 방정식으로 바꾸어 문제를 풀어 왔다. 그들의 기본적인 생각은 자연 현상은 선형 방정식으로 주어지는 기본 질서가 주를 이루고 비선형 항은 이 주된 흐름에 작은 섭동을 일으키지만, 곧 사라지는 것으로 생각하였다. 어떤 분야에서는 이런 분석 방법이 큰 성공을 거두기도 하였다.

그러나 자연의 실제 모습은 그런 물리학자들의 이상과는 다르다는 것이 밝혀지기 시작한 것이다. 로렌츠가 그의 기상 모델에서 발견한 나비효과는 비선형 항이 작용한 결과이다. 비선형 항이 들어 있는 방정식의 정확한 해를 구하는 것은 불가능하므로 그동안 근사적인 해만 구해서 그 결과가 선형 방정식의 해와 큰 차이가 없다는 것을 보이는 것으로 만족했으므로 오랜 시간 후에 큰 차이가 난다는 사실이 묻혀 왔었다.

그런데 로렌츠는 매우 초보이긴 했지만, 컴퓨터를 이용하여 오랜 시간이 지난 후 비선형 방정식의 해가 어떻게 되는지 알아볼 수 있었기 때문에 이러한 현상을 발견할 수 있었다. 로렌츠가 그의 기상 모델에서 알게 된 또 하나의 사실은 그가 얻은 방정식의 해가 위상공간에서는 복잡한 기하학적인 구조로 나타난다는 사실이었다.

혼돈 현상이라고 부르는 이러한 현상을 이해하기 위해서는 위상공간에 나타나는 이러한 기하학적 구조를 이해하는 것이 필요하다는 것을 알게 되었다. 그런데 이러한 기하학적인 구조는 자연계에 널리 존재한다는 것이 이미 물리학이 아닌 다른 분야에서 연구되고 있었다. 이러한 기하학적 구조가 바로 프랙탈(fractal) 이라고 부르는 기하학적 구조이다. 로렌츠의 이러한 발견은 혼돈 현상을 해석하는 새로운 가능성을 제시하는 것이었다.

나뭇가지들이 일정한 거리의 비가 되는 점에서 두 가지로 갈라져 가면 가지의 어느 부분을 선택하여 확대를 해도 전체의 나무 모양과 같은 모양을 얻을 수 있다. 이러한 성질을 자기 유사성이라고 한다. 자기 유사성을 가지는 이러한 기하학적 구조를 프랙탈 구조라고 한다.

예를 들면 눈송이도 프랙탈 구조로 되어 있다. 한 변의 길이가 1인 정삼각형을 생각해 보자. 이 정삼각형의 세 변 위에서 한 변의 길이를 3등분하여 가운데 부분에 3등분된 길이를 한 변의 길이로 하는 정삼각형 세 개를 만들자. 그리고 다음에는 이렇게 만들어진 작은 삼각형의 모든 변 위에서 같은 일을 반복해 보자. 이런 일을 계속해 나가면 눈송이 모양의 아름다운 구조가 나타나는 것을 알 수 있을 것이다. 이런 구조를 코흐의 곡선이라고 부르는데 실제의 눈송이 모양은 이런 구조를 바탕으로 하고 있다.

이러한 프랙탈 구조는 자연의 구조물에는 물론 수학적 분석, 생태학의 로지스틱 맵, 위상공간에 나타내진 동역학의 운동 모형 등 여러 곳에서 발견되어 자연이 가지는 기본적인 구조라는 것을 알게 되었다.

공간구조로서의 프랙탈과 비선형 동역학은 위상공간에서 만나게 된다. 따라서 프랙탈 구조에 대한 이해를 통하여 불규칙해 보이는 자연의 공간적인 구조 속에서 그 속에 내재해 있는 규칙을 찾아낼 수 있고, 혼란스러워 보이는 비선형 동력학의 현상을 지배하는 규칙도 찾아낼 수 있게 된 것이다. 프랙탈 기하학은 혼란스러워 보이는 현상을 설명하는 새로운 언어고 등장하게 되었다.

위상공간의 각 점은 운동 상태를 나타낸다. 따라서 오랜 시간이 흐른 후에 운동하는 질점이 일정한 상태로 다가가 안정한 상태가 된다면 위상공간에서는 운동상태가 한 점으로 다가가는 것으로 나타날 것이다.

예를 들어 감쇄진동의 경우에는 저항력으로 인해 점점 에너지가 줄어들어 마침내는 평형점에 멈추어 서게 되는데 이 평형점은 위상공간에서 원점이다. 이런 경우에 감쇄진동은 위상공간에서 원점으로 수렴하는 것으로 나타날 것이다. 그러나 저항력이 없는 조화진동에서는 한없이 진동을 계속하므로 위상공간에서 조화진동을 나타내는 궤적은 원이다.

이렇게 오랜 시간이 지난 후에 어떤 계가 안정된 상태로 수렴하게 될 때 위상공간에서 이 안정한 상태를 나타내는 궤적을 끌개라고 한다. 감쇄진동의 경우에는 원점이 끌개가 된다. 그리고 조화진동의 경우에는 원이 끌개가 된다. 이와 같이 끌개는 위상공간 위의 한 점일 수도 있지만 원과 같은 기하학적인 도형으로 나타나기도 한다. 혼돈 운동의 끌개를 위상공간에 그려보면 전형적인 프랙탈 구조를 하고 있다. 이렇게 프랙탈 구조를 갖는 끌개를 기이한 끌개라고 한다.

이렇게 해서 자연에 존재하는 기본 구조인 프랙탈 구조와 혼돈스런 비선형 운동과의 관계가 밝혀졌다. 따라서 프랙탈 구조에 대한 이해는 혼돈운동을 이해하는데 매우 중요하다는 것을 알게 되었다. 이제 물리학에서는 혼돈스러운 운동을 분석할 수 있는 새로운 강력한 분석방법을 갖게 된 것이다.

이러한 발견은 물리학계는 물론 과학 전체에 큰 충격을 주었다. 자연에서 흔히 발견되는 무질서하고 혼란스런 운동도 규칙운동과 같이 잘 정의된 방정식으로 나타날 수 있는 운동의 한 부분이고 따라서 규칙운동과 같이 분석할 수 있다는 것이다. 이렇게 그 생성원인을 알 수 있어서 새로운 방법으로 분석이 가능한 혼돈현상은 그 원인을 알 수 없어서 분석이 가능하지 않은 것과는 다르다.

따라서 이러한 혼돈현상을 결정론적 혼돈이라고 부른다. 지금까지 전통적인 방법으로 파악되지 않아서 혼돈으로 치부되던 많은 현상들이 새로운 방법에 의해 분석 가능해짐으로 우리가 분석 가능한 자연 현상의 영역은 매우 넓어졌다. 아직 시작된 지 얼마 안 되는 혼돈과학의 연구가 진척되면 앞으로 자연에 대한 이해가 훨씬 넓고 깊어질 것으로 생각된다.

## 23. 슈뢰딩거는 어떻게 파동방정식을 알아냈을까?

오스트리아의 빈에서 태어난 슈뢰딩거는 드 브로이의 물질파 이론에 감명을 받아 고전적인 파동이론으로부터 알려진 수학적 수단을 써서 좀 더 그의 생각을 탐구하는 방법을 알아냈다. 전자기파나 음파 등의 파동은 파동의 공간 변화와 시간 변화를 연결시킨 '파동방정식'이라 불리는 식을 따른다. 이 방정식을 사용하면 여러 가지 파동의 성질을 알아낼 수 있다.

슈뢰딩거는 일반적으로 받아들여지는 뉴턴 역학의 방정식을 바꾼 파동방정식이 원자 내 입자에 대해서도 세워져야 한다는 생각을 하였다. 1926년 그는 여러 가지 논문을 발표했는데, 그중의 하나에서 '슈뢰딩거 방정식'이 나왔다. 이 방정식은 곧바로 원자물리학의 새로운 지평을 열게 된다.

슈뢰딩거 방정식은 모든 상황에 적용될 수 있는 것은 아니다. 그 이유는 물질 입자의 속도가 빛의 속도에 비해 훨씬 작다는 것과 입자의 수는 변하지 않는다는 것을 가정하기 때문이다.

이후 보다 넓은 범위의 조건에 대해서도 성립하는 보다 일반적인 방정식이 나왔는데 그럼에도 불구하고 슈뢰딩거 방정식은 아주 많은 현상, 특히 원자나 분자 수준에서 나타나는 현상에 적용할 수 있는 좋은 근사식이다. 이것은 보어의 모델이 실패한 현상들을 잘 설명한다.

슈뢰딩거 방정식을 원자 내의 전자파에 적용하면 일련의 해들이 얻어지고 각각의 해는 다른 에너지와 운동량을 갖는 갇혀진 파동에 대응한다. 이와 같은 해들은 '파동함수'라고 불린다. 이로 인해 왜 원자 내 전자는 확정된 일정한 에너지 상태를 갖는지에 대한 비밀이 풀리게 된다.

전자의 파동함수의 모양은 어떠할까? 파동은 갖가지 형태이고 일종의 대칭적인 구름 형태를 만들고 있다. 이 구름의 밀도는 그 점에서 전자가 발견될 확률과 관계가 있다. 구름의 밀도가 높은 곳일수록 실험에 의해 그곳에서 전자가 발견될 기회가 많아지게 된다.

그렇다면 구름으로 정의된 영역 중에서 전자는 어떠한 경로를 따라서 운동하고 있는 것일까? 이 질문에는 정답이 없다. 왜냐하면 전자는 파동성을 가지고 있기 때문이다. 상자 속에 갇혀진 파동은 상자 전체를 운동하는데 그 경로를 정의할 수 없다. 만약 전자의 위치를 실험적으로 정할 수 있다면 전자가 어떤 한 점에 존재한다는 것을 발견하게 된다. 그렇다면 어떻게 해서 전자는 경로가 없는 파동이라고 주장할 수 있을까? 이는 실험의 실행이 원자 본래의 성질을 변화시키고 전자를 갑자기 어느 한 점의 확정된 위치를 갖게 만들기 때문이다. 다시 말하면 측정이 전자의 파동성을 모호하게 하고 입자성을 부각시키는 것이다.

만약 전자가 원자핵 주위를 원운동하고 있지 않다면 전자는 어떻게 해서 각운동량을 가지게 되는 것일까? 양자역학에서는 운동량이 반드시 질량과 연관되지 않는 것처럼 각운동량은 회전 운동과 반드시 연관되지는 않는 독립적인 양이다. 원자 내 전자의 각운동량에 대해 구체적인 설명을 준 것은 보어의 모델이다. 전자구름 모델은 많은 다른 성질들을 설명하지만 전자의 각운동량의 기원에 대한 설명은 되지 못한다.

## 24. 핵력이란 무엇일까?


채드윅에 의해 중성자가 발견되자 양의 전하를 갖는 입자와 중성 입자가 어떻게 결합하여 원자 내의 핵을 이룰 수 있는지에 대한 의문이 생겼다. 같은 부호의 전하는 서로 반발하는데 어떻게 해서 핵은 안정된 것일까?

이 생각은 핵에 무엇인가 다른 종류의 힘이 존재해야 한다는 것이 명백해지게 만들었다. 이 힘을 '핵력'이라 부른다. 이것은 핵의 구성 입자들을 서로 묶어주고 양성자 간의 전기적인 반발력보다 강한 것이다. 이를 뒷받침하는 결과는 1934년 케임브리지에서 나왔는데 그곳에서는 채드윅과 골드하버가 중수소에 대한 감마선의 영향을 조사하고 있었다. 그들은 감마선을 쪼였을 때 중수소는 중성자를 방출하여 보통의 수소 핵이 된다는 것을 발견하였다.

이 실험으로 중성자의 질량이 아주 정확하게 측정되었고, 중수소 핵 내부의 양성자와 중성자를 묶고 있는 힘의 크기를 추정할 수 있었다. 그 후 이 힘은 중성자와 중성자, 중성자와 양성자, 양성자와 양성자 사이에서 모두 같다는 것이 밝혀졌다.

양성자만으로는 서로 간에 작용하는 반발력 때문에 안정한 핵을 만들 수 없다. 중성자는 전하가 없으므로, 양성자와 양성자 사이에 들어가 끌어당기는 힘으로 반발력이 미치지 못하게 하여 핵을 안정하게 한다. 이 생각은 가벼운 핵종에서는 중성자의 수가 양성자의 수와 같은 반면, 무거운 핵종에서는 중성자의 수가 비교적 많은가를 설명해 준다. 양성자의 수가 증가할수록 각각의 양성자는 다른 모든 양성자들로부터 반발력을 한층 강하게 받으므로 더 많은 중성자를 필요로 하는 것이다.

양성자와 중성자는 질량과 핵력의 영향 아래서 성질이 매우 비슷하기 때문에 공통의 이름인 '핵자'라고 불린다. 그것들은 전하를 갖거나 갖지 않는 두 가지의 형태로 나타날 수 있는 하나의 입자로도 볼 수 있다. 중성자는 어떤 조건하에서 양성자로 변할 수 있고, 그 반대 또한 가능하다. 원자핵 바깥의 자유로운 중성자는 약 16분의 평균 수명을 가진다. 그리고 나서 자연적으로 양성자로 바뀐다. 이 전환은 전자와 중성미자를 방출함으로써 이루어진다. 원자핵 내의 중성자는 안정하고 수명이 무한하다. 단, 베타선을 방출하는 방사성 원소는 예외인데, 그러한 방출은 핵 내부의 중성자가 양성자로 바뀌는 과정을 포함하고 있기 때문이다. 자유로운 양성자는 안정한 입자이지만 어떤 조건하에서는 중성자로 바뀔 수 있다.

중성자의 발견은 원자핵 물리학에 커다란 영향을 미쳤는데 이는 중성자가 원자핵을 분열시키기 위한 유일한 투사체이기 때문이다. 중성자는 전기적으로 중성이므로 느린 속도에서도 핵이나 그 둘레 전자의 전기적 반발력에 의해 감속되지 않고 쉽게 핵에 침입할 수 있다. 1934년 퀴리와 졸리오 팀에 의해 인공방사능이 발견되었을 때, 중성자를 핵에 때리는 것은 방사능 생성에 특히 유효하다는 것이 알려졌다. 엔리코 페르미는 핵에 특히 쉽게 침입하는 것은 느린 중성자라는 것을 발견했다. 그는 물이나 파라핀을 통과시켜 감속시킨 중성자를 핵에 쬐어서, 그때까지 알려진 거의 모든 핵으로부터 방사성 동위체를 만드는 데 성공했다.

1930년대 후반에는 우라늄에 중성자를 때리면 우라늄 원자핵은 많은 가벼운 핵으로 분열하고, 이때 다량의 에너지가 나온다는 중요한 사실이 발견되었다. 이 과정은 후에 원자폭탄으로 응용되었다.

## 25. 양자론과 확률


19세기의 물리학은 우리가 만약 어떤 시각에서 물리계의 데이터를 모두 가지고 있다면 그 후의 임의의 순간의 계의 상태를 원리적으로 결정할 수 있다고 하는 결정론적 세계관에 바탕을 두고 있었다.

뉴턴의 역학은 고도로 완성되었고 천문학자들은 행성의 궤도를 정확하게 예측할 수 있었다. 전자기학은 모든 전자기 현상을 만족스럽게 설명할 수 있었고, 열역학을 사용하면 엔진에서 얼마만큼의 에너지가 열로 변환되는가 계산할 수 있었다.

양자론의 출현은 이 모든 것을 바꾸어 놓았다. 원자나 원자 이하의 수준에서는 계의 현재 상태를 알았다 하더라고 미래의 상태를 예언할 수 없다는 것이 알려졌다. 그러나 계가 어떠한 방향으로 전개될 확률을 계산하는 것은 가능하다. 그것의 한 예는 방사능 현상이다. 예를 들어 방사성 기체 라돈의 원자가 들어있는 용기가 있다고 가정하자. 라돈은 라듐 원자가 알파입자를 방출할 때 만들어진다. 라돈 원자핵의 평균 수명은 132시간이다. 그것은 다음에 한 개의 알파입자를 방출하고 폴로늄 원자핵이 된다. 특정한 한 개의 라돈 원자에 관심을 고정하면 그것이 언제 붕괴할지 정확히 예언할 수 없다. 하지만 그것이 1초 동안, 혹은 한 시간, 혹은 일 년 동안 잔존할 확률은 계산할 수 있다. 또한 처음 원자 수의 반이 다음 92시간 동안에 붕괴한다는 것을 예언할 수 있다.

어떤 특정한 원자의 운명도 예언할 수 없다고 하는 것은 데이터의 부족이 아닌 과정의 본질에 의한 것이다. 통계 현상의 수학적 해석에 의하면 방사성 원자핵은 기억을 갖지 않고, 다음 1초 사이에 붕괴할 확률은 핵이 형성된 때로부터 경과한 시간에 의존하지 않는다. 라듐으로부터 새롭게 형성된 라돈 원자핵이 다음 1초 사이에 붕괴할 확률은 형성된 지 200시간의 라돈 원자핵의 붕괴확률과 같다. 이는 붕괴가 어떤 감추어진 내부 전개의 결과가 아닌 통계적인 사건이라는 것을 보여주고 있다.

반감기가 동위체에 따라 다르다는 점을 제외하고는 모든 방사성 동위체에 대해 성립한다. 게다가 어떤 핵종은 두 개의 분명히 다른 과정으로 붕괴하고 각각의 과정에 대해 고유의 특징적인 확률이 존재한다. 원자계의 파동성은 그 확률적인 행위와 밀접히 관계된다. 원자 내의 전자의 위치를 측정할 때 전자가 어디에서 보이는가를 예언하는 것은 불가능하지만, 전자가 어떤 점에 존재할 확률은 파동함수의 강도로부터 정해지고, 그것은 계산할 수가 있다는 것이다.

소립자의 대다수는 불안정해서 형성 후 어떤 시간이 지나면 붕괴한다. 하나의 입자에 대해서는 수명도 그 붕괴 생성물도 정해지지 않으며 그것들은 오히려 통계적인 변수들이다. 두 개의 입자가 충돌하는 산란과정의 결과도 정해지지 않는다. 러더퍼드는 두 개의 고전 입자 사이에 작용하는 전기적 상호작용을 가정해서 알파입자의 원자핵에 의한 산란 공식을 얻었다. 하지만 양자역학적 접근에 의하면 비록 특정한 알파입자의 경로나 원자핵의 위치를 알고 있다고 해도, 확실히 계산할 수 있는 것은 산란 각도가 아닌 여러 가지 각도로의 산란확률일 뿐이다.

## 26. 전자는 자전하고 있을까?

 얼핏 보면 전자의 스핀에 관한 모든 현상들은 전자가 자전하고 있다는 가정에 의해 잘 설명되는 것처럼 보인다. 하지만 좀 더 면밀하게 관찰하면 스핀을 이와 같이 고전적인 견해로 해석하는 것은 곤란하다는 것을 알 수 있다. 전자가 어떤 지름을 갖는 대전 된 공이라고 가정하면, 각운동량과 자성이 필요로 하는 값을 갖기 위해서는 공의 표면은 빛의 속도보다 빠르게 움직여야 한다. 이것은 물론 불가능하다. 오늘날에는 스핀은 더 이상 회전 운동의 결과로 해석되고 있지 않다. 그것은 마치 궤도전자의 각운동량을 원자핵 주위의 전자의 원운동으로 보지 않는 것과 같다. 따라서 전자는 마치 자전하고 있는 것처럼 스핀이라고 불리는 내재적인 각운동량을 갖는다는 것이 보다 정확한 해석이다.
 1927년 파울리는 전자의 스핀을 고려하고 스핀이 어떤 방향을 향할 확률을 계산하기 위하여 슈뢰딩거 방정식을 어떻게 수정하면 좋을 것인가를 보였다. 파울리의 방법은 스핀의 자기모멘트에 의해 측정되는데, 자기모멘트는 주어진 자기장과 평행한 위치에서 직각 방향으로 자석을 회전시키는데 필요한 에너지로 정의된다.

전자스핀의 중요한 성질 즉, 스핀은 주어진 방향에 대해 두 가지 상태를 가지며 자성을 수반하고 있다는 사실은 파울리의 계상에서 직접 나온 것이 아니고 주어진 것으로서 받아들여야 했다.

본질적인 진보가 있었던 것은 1928년 디랙이 양자계에 대한 상대론적 파동방정식을 제안했을 때였다. 디랙의 목적은 아인슈타인의 상대론을 고려해서 빛의 속도에 가까운 속도에서도 적용할 수 있는 슈뢰딩거 방정식과 유사한 방정식을 얻어내는 것이었다.

그는 이에 성공했을 뿐만 아니라 그의 방정식은 스핀에서 유래하는 전자의 모든 성질을 예언할 수 있다는 것이 밝혀졌다.

## 27. 파울리의 배타원리

스핀은 외견상 각운동량과 관계없는 또 하나의 성질과 관계가 있다. 물리학자들은 원자 속의 전자의 상태는 네 개의 양자수로 특징지워진다는 것을 발견했다. 첫 번째는 전자가 점유하는 껍질을 결정한다. 두 번째는 전자의 궤도 각운동량을 결정한다. 세 번째는 궤도 각운동량의 일정한 방향에 대한 기울기를 결정한다. 네 번째는 스핀의 방향을 결정한다.

원자물리학의 한 가지 기본 법칙은 원자 속의 두 개의 전자가 동일한 양자수의 조합을 가질 수 없다는 것이다. 예를 들어 헬륨 원자에서는 두 개의 전자가 있고 그것들의 양자수 세 개는 같지만 스핀은 반대방향이다. 각 원자의 전자의 상태은 이 법칙의 도움을 받아 설명될 수 있다. 이 원리는 1924년 오스트리아 출신 볼프강 파울리에 의해 정식화되었고, 1945년 노벨 물리학상이 그에게 주어졌다. 그것은 파울리의 '배타원리'라고 불린다.

얼마 지나지 않아 파울리의 원리는 스핀의 정수가 아닌, 즉 1/2, 2/3, 5/2 등의 값을 갖는 임의의 입자에도 적용할 수 있다는 것이 발견되었고 이론적으로도 증명되었다.

이 입자들의 행동을 지배하는 법칙은 '페르미-디랙' 통계라고 불린다. 이것은 구별할 수 있는 대상을 특징지우는 통계이다. 입자 자신은 '페르미온'이라고 불린다. 같은 종류의 페르미온 몇 개가 접근할 때 그것들은 같은 상태를 점유할 수가 없다. 즉 그것들은 서로 다른 양자수의 조합들을 가져야 한다. 양성자와 중성자도 역시 페르미온이다. 따라서 원자핵 내부에서는 원자 속의 전자들이 그런 것처럼 그것들은 서로 다른 에너지 준위를 점유하게 된다.

정수 스핀을 갖는 입자는 아인슈타인과 함께 이것을 연구한 인도 물리학자 보즈의 이름을 딴 '보존'이라고 불린다. 보존은 파울리의 배타원리를 따르지 않는다. 따라서 동일한 양자수를 갖는 무한 개의 보존들이 공간의 특정한 영역에 집중해 있을 수 있다. 따라서 보존은 구별할 수가 없다. 보존의 행동을 지배하는 법칙은 '보즈-아인슈타인' 통계라고 불리며 구별할 수 없는 입자들의 통계에 기초를 두고 있다. 페르미온과 보존의 차이는 스핀과 입자의 파동함수의 대칭관계에서 찾을 수 있다.

## 28. 입자와 반입자

디랙방정식에 의하면 전자 이외의 하전입자에도 거울입자라고 할 수 있는 성질은 완전히 같고 전하만이 다른 입자의 존재를 기대해야 한다. 실제로 1955년에 반양성자가 입자가속기에서 발견되었다. 나중에 모든 하전입자에는 그것의 반입자가 존재한다는 것이 알려졌다.

이 반입자라는 이름은 '반물질'이라는 술어와 약간의 오해를 일으키기가 쉽다. 왜냐하면 반물질이라고 해도 상대가 되는 입자와 같은 질량을 갖고 모든 점에서 진정한 입자이기 때문이다. 각각의 반입자는 대응하는 입자와 질량과 스핀뿐만 아니라 수명도 같고 입자의 기호 위에 막대기를 붙여서 표시한다.

모든 입자에는 반입자가 있다고 했는데 중성자와 같은 중성입자에도 반입자는 존재한다. 중성자도 반중성자도 전하를 갖지 않기 때문에 이들을 전기장을 써서 구별할 수는 없는데, 후에 알게 되겠지만 전하 외에도 입자를 특징지우는 다른 종류의 전하들이 있다. 기묘도나 중입자수와 같은 이름으로 알려진 이 전하들은 입자에 어떤 종류의 힘을 가해도 검출할 수는 없지만 이것들은 어떤 보존 법칙을 따른다.

중성자와 반중성자의 이와 같은 전하는 부호가 반대이고 입자가 붕괴 또는 생성하는 과정에서 나타난다. 게다가, 반중성자의 자기모멘트는 스핀의 방향을 향하고 있는데 중성자의 자기모멘트는 역방향이다.

입자와 반입자의 차이는 소멸과정을 보면 알 수 있다. 중성자끼리 충돌하는 반응은 중성자와 반중성자의 충돌과 아주 다르다. 후자의 경우, 두 입자는 마치 전자-양전자 쌍과 같이 소멸하고 일반적으로 광자 대신에 중간자라고 불리는 입자가 형성된다.

모든 입자는 반입자를 가지고 있는데 자기 자신이 반입자인 경우도 있다. 광자는 그와 같은 입자의 한 예인데 다른 입자들에 대해서는 나중에 알게 될 것이다. 일반적으로 이와 같은 경우에는 전하와 모든 다른 전하들은 0이어야 한다.

입자와 반입자는 모든 성질이 같고 똑같이 안정하다. 그러면 왜 전자나 양성자는 일상적인 입자들이면서 양전자나 반양성자는 그렇지 못한 것일까? 그에 대한 답은 소멸 현상 속에 있다. 전자와 양전자가 똑같게 존재하는 세계는 오래 존속할 수 없고 짧은 시간내에 소멸 과정에 의해 폭발해 버릴 것이다. 반양성자나 반중성자로 이루어져 있는 원자핵 주위를 양전자가 돌고 있는 원자는 안정하다. 이와 같은 만남은 두 원자에 대해서 치명적인 것이 된다. 다행히 우주는 입자들로 이루어져 있고 반입자는 거의 포함하고 있지 않다.

## 29. 양자전기역학(전약이론)

1960년대와 1970년대에는 약한 상호작용과 전자기 상호작용을 하나의 체계 속으로 합쳐 넣는 새로운 통일이론이 출현했다. 이 전약이론은 미국의 스티븐 와인버그와 파키스탄의 압두스 살람에 의해 1967년과 1968년에 독립적으로 발표되었다. 이 이론은 제창자들의 이름을 붙여 '와인버그-살람' 이론으로도 불린다.

다른 물리학자들도 이 이론의 발전에 이바지했다. 그중에서도 미국의 줄리안 슈빙거는 1957년 이미 두 가지 상호작용을 통일할 수 있는 방법을 지적하였는데, 그의 학생이었던 셸던 글래쇼우는 이 생각을 그의 학위 논문에서 추구했고 이후 몇 년에 걸쳐서 계속 전개시켰다. 특히 신뢰할 만한 다른 일이 유트레히트 대학의 네덜란드인 제랄드 트후프트에 의해 이루어졌다. 그는 1971년 이론이 최종적으로 받아들여지는데 장벽이 되고 있었던 수학적인 어려움을 해결하였다.

와인버그-살람 이론에 의하면 전약 상호작용은 네 개의 보존 (한 개는 양, 한 개는 음, 나머지 두 개는 중성)에 의해 전달된다. 높은 에너지 영역에서는 이 보존들이 서로 비슷하게 보일 것이다. 그러나 현재의 가속기로 얻을 수 있는 에너지 영역에서는 입자 사이의 대칭성이 깨어져서 그중 세 개가 큰 질량을 갖고 나머지 한 개는 질량이 없는 그대로로 남는다. 질량이 없는 입자는 물론 우리에게 친숙한 광자인데 무한대의 도달거리를 갖고 통일된 힘의 일부인 전자기력을 맡는다. 다른 세 입자는 $W^+, W^-, Z^0$로 불리우고 질량은 이론에 의하면 80~100GeV 사이에 있어야 하는데, 이 때문에 이 입자들이 전달하는 약한 힘은 단거리의 힘인 것이다. 이와 같이 전자기력과 약한 힘의 기원은 공통인 것임에도 불구하고 실제로는 그것들의 성질이 다르기 때문에, 그것들이 일으키는 과정은 약한 상호작용 또는 전자기 상호작용으로서 따로 분류될 수 있다.

새로운 이론의 가장 좋은 실험적 증거는 약한 힘의 매개 입자를 검출하는 것이다. 하지만 이론이 제안되었을 때 그와 같은 에너지 영역에 도달할 수 있는 가속기는 존재하지 않았다. 그러나 이론은 다른 간접적인 증거도 예언하고 있었는데 가장 강력한 것은 1973년 CERN과 페르미 연구소에서 발견된 하나의 과정이었다.

1979년 살람, 와인버그, 글래쇼우는 전약이론으로 노벨 물리학상을 수상하였다. 그때는 아직 약한 힘의 매개 입자가 발견되지 않았으므로 그들의 이론은 결정적인 실험적 증거가 부족했다. 몇 년 후 1982년 말에 CERN에서 $W^+, W^-, Z^0$의 증거를 처음으로 보였고 질량과 그 외의 성질들도 이론으로 예언되었던 것과 일치하여 그들의 이론은 완성되었다.

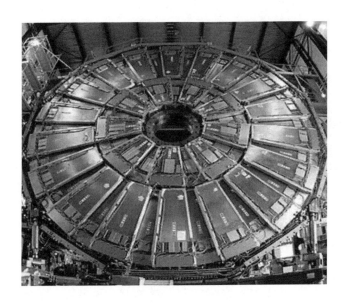

## 30. 양자색역학과 글루온

강한 힘에 관한 현재의 이론에 따르면 하드론 속의 쿼크들 사이의 힘은 색깔에 의한다. 다시 말하면 색깔은 쿼크들 사이의 강한 힘의 근원이 된다. 색깔은 수학적으로는 '유니타리스핀'의 전하와 유사하다. 그리고 전자기력의 근원이 전하라는 것과 같은 유추가 성립한다. 색깔의 개념은 쿼크 사이에 작용하는 힘의 성질이 하드론 사이의 힘과 왜 그렇게 다른가를 설명한다. 실제로의 강한 힘은 색깔을 갖지 않는 입자들 사이에서만 작용하는 반면 하드론은 색깔을 가지고 있지 않다.

색깔을 갖는 입자들 사이의 힘은 색역학적인 힘이라고 불리는데 색깔의 이론은 색깔을 의미하는 그리스어의 'chroma'에 연유하여 '양자색역학'이라고 불린다.

이 이론은 색역학적인 힘이 '글루온'이라고 불리는 8종류의 전기적으로 중성이고 질량이 0, 스핀이 1인 입자에 의해 전달된다고 가정한다. 글루온은 어떤 의미로는 전자기력을 전달하는 광자와 유사하다. 하지만 그 자신은 전하를 갖지 않는 광자와는 달라서 글루온은 색깔을 갖고 있다. 더 정확히 말하자면 각각의 글루온은 색깔과 반색깔의 조합을 수반하고 있다.

그 자신이 색깔을 갖고 있기 때문에 글루온들은 서로 색역학적인 힘을 미친다. 이것은 글루온이 쿼크를 묶어주는 끈의 역할을 해서 쿼크 사이의 거리가 커질수록 힘이 강하게 되는 것을 설명해 준다.

글루온의 방출과 흡수의 각 과정에서 글루온이 갖고 있는 색깔과 반색깔에 따라 쿼크의 색깔이 바뀔 수가 있다. 예를 들어 청색의 u쿼크가 청색과 반적색의 색깔을 갖는 글루온을 방출하면 적색의 쿼크가 된다. 적색의 d쿼크가 이 글루온을 흡수하면, 청색의 d쿼크가 될 것이다. 글루온의 교환에 의해 색역학적인 힘이 전달되면 하드론 속의 쿼크는 계속해서 색깔이 바뀐다.

## 31. 표준모델을 넘어서

$W^+$, $W^-$, $Z^0$입자와 t쿼크의 존재성에 대한 증거를 발견한 뒤, 소립자 물리학의 소위 '표준 모델'은 잘 확립되고 입증된 것처럼 보였다. 이 모델에 따르면 소립자는 렙톤과 쿼크이다. 양쪽 모두 스핀 1/2을 갖고 점입자처럼 보인다. 그것들의 기본적인 차이는 쿼크가 강한 힘의 영향을 받는데 반해, 렙톤은 영향을 받지 않는다는 점이다. 알려진 모든 쿼크와 렙톤은 질량이 작은 순서대로 세대로 배열될 수 있다.

각각의 세대는 렙톤쌍과 쿼크쌍으로 이루어진다. 각 쌍에 대해 대응하는 반입자의 쌍이 있다. 첫 번째 세대는 u, d 쿼크와 $e, \nu_e$렙톤을 포함한다.

u와 d는 양성자와 중성자를 형성하기 때문에 이 세대가 실제로 보통 물질의 기본적인 구성 요소 모두를 포함하고 있다. 다른 두 가지 세대는 고에너지 실험이나 우주선 속에서 발견되었다.

표준모델에 따르면 소립자 사이에 작용하는 기본적인 힘, 즉 상호작용은 스핀이 1인 보존에 의해 운반된다. 전자기력이나 약한 힘은 이 힘들이 공통의 근본을 갖는다는 것을 분명히 밝힌 와인버그-살람-글래쇼우의 전약이론에 의해 잘 묘사된다. 이 이론에서 힘을 나르는 입자들은 질량을 갖는 입자 $W^+$, $W^-$, $Z^0$와 질량을 갖지 않는 광자이다. 쿼크 사이의 강한 힘은 8개의 전기적으로 중성인 매개입자를 기본으로 하는 QCD 이론에 의해 설명된다.

여기서 중요한 개념은 게이지 이론인데 이는 공간의 모든 장소에서 입자의 족에 대해 어떠한 변환을 가했을 때 장방정식이 불변이 되는 양자장론의 한 유형을 말한다. 모든 기본적인 힘의 이론은 한 가지 또는 다른 방법으로 게이지 이론에 의해 정식화될 수 있다.

## 32. 암흑물질

입자물리학과 양자이론이 힘을 합해 풀 수 있을지도 모를 우주의 수수께끼 중 하나로 암흑물질이 있다. 오랫동안 천문학자들과 우주론자들은 우주 물질 대부분을 발광체라고 가정했다. 태양계에도 암흑물질이 있긴 하다. 행성들과 소행성들이다. 하지만 이런 암흑 물질의 질량은 다 합쳐도 태양 질량보다 훨씬 작다. 발광체인 태양의 질량을 전체 태양계의 질량이라고 보아도 틀리지 않는다.

감지할 만큼의 복사를 내지 않는다 해도, 암흑물질은 중력효과를 통해 자신의 존재를 드러낼 수 있다. 알려진 물질이든 알려지지 않은 물질이든 모든 물질은 중력을 행사하고 또한 느낀다. 최근 천문학자들은 우주에 상당한 양의 암흑물질이 존재한다는 설득력 있는 증거들을 수집했다.

현재로서는 그 질량이 발광 물질 질량의 여섯 배쯤 되리라 추측한다. 그 증거 중 하나는 나선 은하의 회전 속도이다. 은하속 별들은 바퀴의 일부인 양 일정한 속도로 돌지 않는다. 별의 회전 속도는 은하 중앙으로부터의 거리, 궤도 내에 존재하는 총질량에 따라 달라진다.

천문학자들은 다른 은하 내 별들의 운동을 연구한 결과 별들이 다른 별들에 끌리는 것 이상의 힘을 받는다고 결론 내렸다. 성단 내 은하들의 움직임 또한 저 너머에는 우리 눈에 보이는 것보다 훨씬 많은 질량이 존재한다는 사실을 뒷받침한다. 우리는 우리가 우주를 볼 수 있다고 생각했는데 알고 보니 우주의 대부분을 보지 못하고 있다.

암흑물질의 정체는 무엇일까? 그것은 아무도 모른다. 우리 우주에 대한 가장 다급한 질문들 가운데 하나이다. 그 답을 찾아내면 우리는 빅뱅 직후 정확히 무슨 일이 벌어졌는가 같은 다른 궁금증에 대해서도 단서를 얻을 수 있을 것이다. 가장 간단한 답은 먼지, 바위, 행성, 너무 작아서 빛이 나지 않는 별로 이루어졌다는 것이다.

중성미자로 이루어졌다는 견해도 있다. 중성미자의 질량은 알려져 있지 않지만, 암흑물질에 대한 후보가 될 수 있다. 다른 견해는 아직 우리가 알지 못하는 새로운 종류의 입자들로 이루어졌다는 가설이다. 이런 가상입자들이 존재한다면, 그리고 무게가 상당하다면, 약한 상호작용을 할 것이다. 그렇지 않다면 우리에게 이미 발견되었을 것이기 때문이다.

## 33. 블랙홀의 증발

블랙홀은 엄청나게 강한 중력을 가지고 있어서 빛조차도 탈출할 수 없는 개체이다. 1974년 영국의 물리학자 스티븐 호킹은 블랙홀에서 무언가가 탈출할 수도 있다는 사실을 밝혀냈다. 호킹이 양자이론에 기대어 밝힌 것에 따르면, 블랙홀은 모든 질량을 복사로 방출하고 서서히 증발할 수도 있다.

프린스턴 대학의 물리학자 존 휠러가 그의 학생 제이콥 베켄슈타인에게 다음과 같이 말했다. "내가 뜨거운 찻잔을 책상 위에 둔 채 식게 내버려 두면 나는 범죄를 저지르는 셈이지. 뜨거운 차의 열이 차가운 방으로 전해져 세상의 총 무질서도를 증가시키고, 우주 전반의 쇠락에 기여할 테니까. 하지만 내가 뜨거운 차를 블랙홀에 떨어뜨리면, 나는 면책이 된다네. 무질서도가 증가하지 않을 테니."

몇 달 뒤 베켄슈타인은 휠러에게 이렇게 말했다. "선생님은 면책받을 수 없겠습니다. 블랙홀도 엔트로피를 지니고 있어서 선생님이 차를 블랙홀에 부으면 책상 위에 놔둔 것과 똑같이 우주의 무질서도가 증가하고 우주의 쇠락에 기여합니다."

호킹은 사실 블랙홀에 엔트로피가 존재한다는 베켄슈타인의 생각을 받아들이기 어려웠다. 하지만 이를 인정하니 다른 생각들이 떠올랐다. 블랙홀에 엔트로피가 있다면 온도가 있다는 말이고 온도가 있다면 복사를 방출해야 한다.

하지만 블랙홀에서 아무것도 탈출할 수 없다면 복사는 어디로 갈까? 호킹은 진공에서 끊임없이 가상 입자들이 생성되었다 소멸되는 현상이 답이 될 수 있음을 깨달았다. 보통 한 쌍의 입자가, 가령 전자와 양전자가 진공에서 탄생한다면, 그들은 재빨리 서로 소멸되어 일시적으로 고요함을 되찾는다. 하지만 입자 쌍이 블랙홀의 사건의 지평선에서 탄생하면 어떨까?

무엇도 벗어날 수 없는 블랙홀 안쪽 영역과 탈출이 가능한 바깥쪽 영역의 경계 바로 위에서 탄생한다면 두 입자 중 하나는 블랙홀로 빨려 들어가고 다른 하나는 밖으로 날아갈 것이다. 그 결과 블랙홀 에너지 중 극미량이 탈출하는 입자에게 주어졌을 것이고 블랙홀의 질량은 극히 약간 줄어들 것이다.

호킹의 계산에 따르면 무거운 블랙홀의 증발속도는 극히 낮다. 하지만 수명이 다해가는 블랙홀이라 질량이 작아졌거나, 애초에 질량이 작은 블랙홀이라면 증발속도가 빠를 수 있다. 이렇듯 블랙홀은 최후의 불꽃을 태우고 사라질 것이다.

## 34. 암흑에너지

암흑에너지란 무엇일까? 첫째로 암흑물질처럼 눈에 보이지 않는다. 지구에서 감지할 수 있는 어떤 형태의 복사도 내놓지 않는다. 둘째로 에너지이다. 이 또한 암흑물질과 비슷해 보인다. 암흑물질도 결국은 에너지의 한 형태이기 때문이다.

하지만 암흑물질과 암흑에너지 사이에는 두 가지 큰 차이가 있다. 첫째 암흑물질은 우주 공간에 흩뿌려진 물질 조각들로 추정된다. 조각이 입자이든, 바위이든, 행성이든, 블랙홀이든 상관없다. 반면 암흑에너지는 공간에 균일하게 퍼져 있다. 공간의 성질이라고까지 생각할 수도 있다. 둘째 암흑물질은 인력이고 암흑에너지는 척력이다. 무릇 모든 물질이 그렇듯 암흑물질은 중력으로써 다른 물질을 끌어당길 것이다. 평범한 물질처럼 암흑물질도 우주 팽창 속도를 감속시키는 데 기여한다. 한편 암흑에너지는 말 그대로 물질을 밀어내지는 않지만 대신 공간 자체를 팽창시켜서 마치 물질끼리 밀어내는 것처럼 보이도록 간접적으로 작용한다.

한쪽에서는 암흑물질과 보통 물질이 우주 팽창을 감속시키고, 다른 쪽에서는 암흑에너지가 우주 팽창을 가속시키는 셈이다.

이론에 따르면 암흑물질과 보통 물질의 당기는 힘은 시간이 갈수록 약해지는 반면, 암흑에너지의 밀어내는 힘은 일정하다. 따라서 우주 탄생 140억 년 후인 현재 이미 감속을 압도한 가속의 힘은 앞으로도 영원히 우위에 있을 것이다.

보통 물질, 암흑물질, 암흑 에너지의 공통점은 공간의 곡률에 영향을 미친다는 것이다. 우주 공간이 전반적으로 농구공 표면 같은 양의 곡률인지, 말안장 표면 같은 음의 곡률인지, 아니면 평평한지는 우주의 총 에너지양에 달려 있다.

1900년대 말에 우주론 연구자들은 우주가 평평하다고 결론 내렸다. 많은 이들의 희망을 확인한 결과였다. 게다가 다양한 방면의 자료를 종합할 때, 평평함에 기여하는 에너지 분포를 다음과 같이 세분할 수 있었다. 보통 물질 4%, 암흑물질 23%, 암흑에너지 73%. 우리 지구가 방대한 우주의 반짝이는 물질들 가운데 좁쌀만 한 먼지에 불과함은 물론이고, 반짝이는 모든 것들 또한 저 너머의 총에너지 가운데 작은 부분에 불과했던 것이다.

## 35. 입자물리학

물리학자들은 만일 전자와 양성자가 모든 물질의 구조를 이루는 기본이 되고 똑같이 중요하다면 왜 양성자의 질량이 전자보다 그다지도 큰지 의아해 했다. 전자와 양성자가 구조적으로 다르다는 사실은 디랙의 상대론적인 파동방정식이 전자에 대해서는 성공적이었지만 양성자에 대해서는 제대로 설명할 수 없다는 점으로부터도 알 수 있다. 그 파동방정식으로부터 전자의 자기능률 값은 옳게 나왔지만, 양성자에 대해서는 그렇지 못했다.

디랙방정식은 점 점하에 적용되기 때문에 이러한 차이는 전자는 점으로 취급될 수 있지만, 양성자는 그럴 수 없음을 말해 준다. 물질의 구조에서 그렇게 중요한 역할을 하는 두 기본입자가 왜 구조적으로 그렇게 달라야 할까? 양성자와 전자가 모두 기본입자라기 보다는 그들 자체가 더 기본적인 입자로 구성되어 있다고 생각하는 것이 더 만족스럽지 않을까? 하지만 전자에 대한 그럴 듯한 모형을 만들려는 모든 시도는 실패하고 말았다. 그래서 현재까지 전자는 구조를 갖지 않는 점과 같은 입자라고 생각되고 있다. 그러나 양성자는 그렇지 않다.

물리학자들은 원자에 대한 올바른 모형을 수립하려고 애쓰던 20세기 초반에는, 전자나 양성자의 본성에 대해서 별 관심이 없었다. 그러나 점점 더 많은 종류의 입자들이 실험적으로 드러남에 따라서 입자들의 구조에 관한 의문들이 이론학자들의 관심을 사로잡기 시작했다. 플랑크가 양자론을 발견함에 따라 자연에 존재하는 첫 번째 질량이 없는 입자로서의 광자와, 이 광자와 연관되어 전자와 양성자에까지 양자역학이 적용되어 이중성의 개념이 도입되었다. 광자를 입자로서, 전자기파의 양자로서 다루게 됨에 따라 오늘날 모든 입자물리학에 광범위하게 사용되는 장이론이 시작되었다. 광자가 정지질량이나 전하를 갖지 않았다는 사실이 광자를 전자나 양성자와 구별할 수 있게 했다. 그러나 광자는 스핀에 있어서도 나머지 두 입자와 다르다. 광자의 스핀은 절반이 아니라 한 단위의 스핀이다. 광자는 페르미온이 아니라 보존이다.

한 단위의 스핀을 가지며 질량과 전하를 갖지 않는 입자인 광자의 존재는 물리학자들에게 스핀 $1/2$을 갖는 질량과 전하가 없는 입자가 존재할 것이라는 점을 시사하는 것이 틀림없었지만, 20세기 초기에는 새로운 입자를 도입하는 것이 대부분의 물리학자들이 꺼려하였으므로 어쩔 수 없는 경우에만 제안되었다.

닐스 보어로부터 강력하게 위협받은 에너지 보존 원리를

살리기 위해 파울리가 중성미자를 제안할 때도 이와 똑같은 상황이 일어났다. 파울리는 베타붕괴에서 나타나는 스펙트럼을 설명하려고 중성이고 질량이 없으며 스핀이 1/2인 입자를 제안하는데 매우 조심스러워 했다.

중성미자는 에너지 보존 원리를 구했고 베타 붕괴과정에 대한 올바른 통계를 제공했다. 중성미자의 스핀이 4이기 때문에, 어떤 계의 전하나 정지질량을 그대로 놔두면서 그 계의 통계를 바꾸기 위해 이 성질이 자연이 이용함 직하다. 정지질량이 0이므로 중성미자가 특수상대론을 만족하려면 빛의 속력으로 움직여야 한다.

중성미자는 알려진 모든 입자들 중에서 가장 신비스러우며, 그 구조에 대해서는 아무도 알려지지 않았다. 중성미자는 에너지를 가졌으며 양자역학에서는 에너지가 플랑크 상수 곱하기 그 진동수이므로 중성미자도 진동수를 가졌음이 틀림없다. 이런 일련의 생각에 따르면, 모든 범위의 진동수를 갖는 중성미자들이 존재하고, 중성미자는 물질과 매우 약하게 상호작용하므로 우주가 시작될 때 존재하였던 중성미자들이 아직도 거의 다 존재할 것이다.

전자에 대한 디랙의 상대론적 파동이론으로부터 예언되었고 우주선에서 칼 앤더슨이 양전자를 발견하였다. 이 발견으로 인해물리학자들은 모든 입자가 반입자를 가진다고 확신하게 되었다.

또한 기본입자의 수가 갑자기 두 배가 되었으므로 기본입자에 대하여 이전부터 내려오던 개념을 철저하게 바꾸어 놓았다. 입자와 그 반입자는 동일한 정지질량과 동일한 스핀을 갖지만 전하의 부호는 반대이다. 이런 성질들이 어떤 입자든지 그 반입자와 함께 창조된다면, 이런 기적이 일어날 만큼 충분한 에너지가 준비되어 있다면, 공간의 어떤 점 주위에서도 입자들이 갑자기 만들어질 수 있음을 의미한다. 광자의 반입자는 광자 자신이지만 전자나 양성자, 그리고 중성미자는 뚜렷이 다른 반입자를 갖는다.

양성자 보다 약간 더 무거운 중성자는 양전자와 거의 같은 시기에 발견되었지만, 양전자와는 달리 상대적으로 안정되어 있으며 이것이 없다면 핵은 존재할 수 없다. 상대적으로 안정된 것이란 베타 붕괴성이 없는 핵 안에서는 완전히 안정되었다는 뜻이다.

핵 밖에서는 중성자가 평균 약 12.5분 만에 양성자와 전자, 그리고 중성미자로 붕괴한다. 전자와 양성자가 자신의 반입자를 가지듯이 중성자도 반중성자를 갖는다. 만일 양전자가 완전히 빈 공간에 홀로 존재한다면 전자처럼 안정하지만, 양전자가 물질을 통과해가면 양전자는 전자와 함께 소멸되고 갑자기 에너지가 출현한다. 그래서 중성자가 불안정하다는 것치럼 양전자가 불안정하다고 생각하는 것은 옳지 않다. 즉, 양전자는 저절로 붕괴되지는 않는다.

중성자가 발견됨에 따라 물리학자들은 핵에서 분자에 이르기까지 물질의 구조를 설명하는 완전한 이론을 수립하는데 필요한 모든 기본입자들을 갖게 되었다. 그렇지만 우주선 물리학은 꾸준히 발전하였으며, 1933년에서 1936년에 이르는 기간 동안 우주선 물리학자들은 우주선에서 모든 방향을 통하여 지구의 대기권 안으로 들어오며 재빠르게 움직이는 이상한 입자를 발견했다.

　이 입자에 대해서는 기구나 로켓에 의해 지구 대기권 밖으로 올려 보낸 이온 검출기를 이용해 처음으로 광학적 방법에 의해 우주선들이 조사될 때까지 그 성질이 완전히 이해되지 않았다. 기구와 로켓 실험들이 수행되기 전까지 물리학자들 사이에서는 이 큰 에너지를 가진 입자들이 지구에서 나왔는지 아니면 우주 공간에서부터 온 것인지에 대해 많은 논쟁이 있었다. 오스트리아의 물리학자 빅터 헤스가 직접 기구를 타고 올라가 지구 표면으로부터 높아질수록 우주선의 세기가 강해진다는 것을 확실하게 보여주자, 이 논쟁은 우주선이 우주 공간에서 나온 것이라는 쪽으로 해결되었다. 만일 우주선의 근원이 지구였다면 관찰의 결과가 반대였을 것이다. 이런 관찰에 기반을 두고서 미국 물리학자 밀리컨은 이 선들을 "우주선(cosmic rays)라고 불렀다.

　밀리칸은 우주선이란 어떤 설명되지 않은 과정에 의해 멀리 떨어진 은하계 영역에서 물질이 에너지로 변하여 발생하는 전자기파라는 이론을 제안했다. 그러나 이 생각은 전혀 받아들여지지 않았으며 밀리칸 자신도 자기장에 집어넣은 안개 상자를 통과한 우주선의 경로를 조사하여 이 선들이 매우 높은 에너지를 갖는 전기를 띤 입자임을 분명히 알고 나서 마지못해 그의 생각을 포기했다. 더 자세한 연구 결과 우주선은 두 성분을 포함하고 있음이 밝혀졌다.

1차적 성분은 별들 사이의 공간이나 은하계들 사이의 공간에서 오는 것으로 매우 에너지가 큰 양성자와 무거운 핵들로 이루어져 있으며, 2차적 성분은 1차적 성분에 의해 지구의 대기층에서 만들어졌다. 에너지가 큰 1차적 성분이 대기 중의 핵과 충돌하면, 수천 개의 2차적 성분으로 이루어진 소나기를 만들 수 있는데, 그렇게 만들어진 것들 중에서 여러 가지 종류의 수명이 짧은 입자들이 발견되었다. 이 2차적 성분이 입자물리학에서 완전히 새로운 발견과 연구 분야로 이어지는 길을 열었다.

우주선에서 첫 번째로 발견된 중요한 새 입자는 앤더슨과 네더마이어가 발견한 것이었다. 그들은 1934~35년에 우주선의 2차적 성분 중에서 전기를 띤 어떤 것들은 투과력이 매우 강하고 정지질량이 100MeV보다 큰 것들이 있음에 유의했다. 나중에 측정된 이 입자의 정확한 정지질량은 105.57MeV였다. 이 입자의 음전하를 가지고 있고 스핀은 1/2이었으며 200만분의 1초의 수명이 끝난 뒤에는 전자와 중성미자, 그리고 반중성미자로 붕괴했다. 이 입자는 우주선에서 발견되거나 높은 에너지 가속기에서 만들어지는 수명이 매우 짧은 일련의 입자들 중 첫 번째 것이었다. 이 입자를 "뮤중간자"라고 불렀는데 중간자라는 말을 그 질량이 전자와 양성자 질량 중간에 있다는 것을 가리킨다.

이론학자들은 핵력을 힘의 장이라는 용어로 설명할 수 있는 방법을 찾고 있었기 때문에 "뮤중간자"의 질량은 그들을 특히 신명나게 만들었다. 전자기힘이 전자기장의 양자에 의해 날라지고, 중력이 중력자에 의해 날라지는 것과 마찬가지로, 강력도 그 장의 양자에 의해 날라질 것이라고 주장되었고 사람들은 그 양자가 뮤중간자일 것으로 가정했다. 이렇게 가정된 까닭은 다음과 같이 설명될 수 있다.

만일 어떤 힘의 장이 미치는 범위가 짧으면 그 장의 양자는 0이 아닌 정지질량을 가져야 하며, 범위가 짧을수록 그 질량은 더 커야 한다. 중력이나 전자기력처럼 범위가 무한대의 힘은 중력자나 광자와 같이 정지질량이 0인 양자를 갖는다. 두 핵자 사이에 작용하는 힘의 범위를 측정한 값을 사용하여, 강력의 양자가 지닌 질량은 전자의 질량보다 200배쯤일 것으로 추론된다. 따라서 1930년대 초기의 이론물리학자들은 뮤중간자를 강력 양자라고 생각한 것이다.

그러나 후에 뮤중간자의 성질들을 조심스럽게 분석한 결과 그것은 힘의 장의 양자는 전혀 될 수 없고 전자와 같이 페르미온임이 밝혀졌다.

왜 뮤중간자가 강력을 나르는 입자가 될 수 없는지 이해하기 위하여, 두 핵자들 사이의 상호작용(양성자-양성자, 양성자-중성자, 중성자-중성자)에 대한 유카와의 이론을 살펴볼 필요가 있다. 그의 이론에 따르면 이 세 개의 상호작용마다 각각 작용하는 두 입자들은 질량을 가진 장의 양자를 주고받는데 이 양자들은 실험적으로 관찰된 다음과 같은 사실을 정확히 만족할 수 있는 성질을 가져야 한다. 첫째 세 경우에 작용하는 힘은 모두 같다. 둘째, 상호작용하는 두 핵의 전하는 서로 바뀔 수 있으나 전체 전하는 변할 수 없다. 셋째 강력의 양자는 핵자에 의해 잘 흡수되어야 한다,

두 핵자가 서로 상대방의 범위 안으로 들어오면 강력을 통하여 두 핵자들이 상호작용한다. 각 핵자는 순간적으로 거짓 양자를 나르는데, 그 양자들 중 한 개가 곧 다른 핵자에 의해 흡수된다. 즉, 두 핵은 그들 사이에 강력의 양자를 주고받으며 강력하게 상호작용한다. 이것은 상호작용하는 핵의 전하에는 관계없이 모두 동일한 강력이 작용함을 설명하기 위하여 정지질량은 거의 같지만 전하가 +1, -1, 0인 세 가지 서로 다른 종류의 양자가 존재함을 뜻한다. 더구나 이 양자들은 핵에 잘 흡수되어야 하며, 그들의 스핀은 정수이어야만 한다. 즉, 그들은 잘 흡수되지 않는 페르미온이 아니라 잘 흡수되는 보존이어야 한다. 그런데 뮤중간자는 이런 성질을 모두 만족하지 않는다. 뮤중간자는 핵과 약하게 상호작용하면서 물질을 관통한다. 그리고 단지 양과 음의 전기만을 띠는 뮤중간자만 존재한다. 또한, 뮤중간자는 스핀이 1/2인 페르미온이다. 이런

이유들 때문에 뮤중간자는 오늘날 뮤온이라고 불린다.

뮤온은 이제 불안정하며 무거운 전자로 분류되고 입자물리학자들이 생각할 때 계획된 일에 대해 아무런 역할도 맡지 않는 것처럼 보였다. 만일 뮤온이 존재하지 않더라도, 우주는 변하지 않을 것이므로 많은 물리학자들은 자연이 무엇 때문에 불필요한 듯한 입자를 창조하였는지 의아해 하고 있었다. 그러나 이것은 중요한 것을 놓치고 있는 것이었다. 만일 뮤온을 전자의 들뜬 상태라고 가정하면, 뮤온의 존재는 전자의 존재로부터 저절로 따라오기 때문이다. 수소원자가 존재하고 이 원자가 광자를 흡수하여 들뜬 상태로 되는 것과 마찬가지로 복합구조를 갖는 바닥 상태로서의 전자도 중성미자를 흡수하여 그 들뜬 상태의 구조로서의 뮤온을 존재를 암시한다.

핵력에 대한 유카와의 이론이 옳다고 확신한 실험 물리학자들은 우주선으로부터 유카와 양자가 갖게 되는 알맞은 스핀과 질량, 그리고 전하를 갖추고 핵과 상호작용하는 세 가지 입자를 찾는 수색을 계속했다. 1946~47년에 세실 파우웰은 우주선에서 전하가 +1, 0, 그리고 -1이며 스핀이 0인 삼중선을 발견하였다. "파이중간자" 또는 "파이온"이라 불리는 이 세 보존은 매우 비슷한 질량을 가졌으며 핵에 잘 흡수되었다. 그러므로 입자물리학자들은 이 입자들이 핵력을 나르는 입자라고 인정했다. 이 보존들을 이용하여 유카와는 두 핵자 사이의 상호작용이 어떻게 거리에 의존하는가를 나타내는 수학적 공식을 유도했는데, 그것은 쿨롱의 전자기 상호작용에 이 상호작용의 범위를 매우 짧게 만드는 지수함수를 곱한 것과 같았다. 상호작용에 대한 이 공식은 유카와의 연구 이전에 이미 이용되어 온 경험적으로 만든 여러 가지 공식보다 더 나은 결과를 주지는 못했다. 그러므로 핵력에 대한 파이온 이론이 이 힘의 정체에 대하여 전에 알고 있었던 것보다 더 깊은 통찰력을 갖게 해준다고 말할 수는 없다.

매우 짧은 수명을 지니고 전기를 띤 파이온은 중성미자를 방출하며 뮤온으로 붕괴한다. 가끔 파이온은 중성미자 또는 반중성미자를 방출하며 전자로 붕괴한다. 중성인 파이온은 전기를 띤 파이온보다 훨씬 더 빨리 두 개의 감마선으로 붕괴한다. 파이온은 두 핵자가 충돌할 때 풍부하게 만들어진다. 이것이 파이온이 강력을 나른다는 유카와의 제안을 지지하는 또 다른 증거로 받아들여졌다.

파이온과 뮤온의 수명은 한 관찰자에 대하여 어떤 시계가 빠른 상대적 운동을 할 때 관찰자의 시계에 비해 상대적 운동을 하는 시계가 더 느리게 간다는 아인슈타인의 특수상대성이론을 지지하는 강력한 실험적 증거로 이용될 수 있다. 이것은 파이온이나 뮤온이 어떤 관찰자에 대하여 더 빨리 움직일수록 그 관찰자의 시계로 잰 이 입자들의 수명이 더 길어지는 것이 알려짐으로써 증명되었다. 파이온과 뮤온이 수명의 성의는 파이온과 뮤온이 정지해 있는 기준틀에 있는 관찰자가 측정한 수명이다.

파이온이 발견되고 그것이 진정한 중간자라고 받아들여지면서, 그 특성들에 의해 뚜렷이 구분되는 종류로 입자들을 분류하기 시작하였다. 뮤온과 파이온이 발견되기 전 세 가지 입자 종류가 알려져 있었다. 스핀이 1/2인 무거운 입자(중성자와 양성자), 스핀이 1/2인 가벼운 입자(전자, 양전자, 중성미자), 그리고 스핀이 0이고 정지질량이 0인 광자가 그것이다. 이 입자들이 당시에는 서로 다른 종류로 나누어지지 않았는데, 그렇게 나눈다고 해서 물리학이 실제로 더 간단해지지도 않았을뿐더러 물리학이 더 깊이 있게 이해되지도 않았기 때문이다.

그렇지만 파이온과 뮤온을 발견함에 따라, 이 입자들을 종류대로 배열한다는 바로 그것이, 새로 발견된 입자수가 날로 증가하여 전체 수가 두 배로 불어난 입자의 모임에서 어떤 질서를 세우는 한 방법이 되었다.

스핀과 질량이 입자들을 그룹으로 구별 짓는 첫 번째 특성으로 이용되었다. 스핀이 1/2인 입자들은 모두 페르미온으로 그룹지어졌으며, 스핀이 1, 0, 그리고 2인 입자들은 모두 보존으로 그룹 지어졌다. 페르미온은 모든 물질의 구성요소인 반면에, 보존은 페르미온들 사이에 작용하는 힘의 장을 나르는 입자라고 생각되었다.

페르미온은 "중입자(바리온)"라고 불리는 무거운 페르미온과 "경입자(렙톤)"이라고 불리는 가벼운 페르미온인 두 가지 서로 다른 그룹으로 나누어진다. 높은 에너지 가속기로부터 점점 더 많은 중입자들이 튀어나오자, 그들 중 어떤 것들은 스핀이 3/2임이 발견되었으며, 그래서 중입자를 스핀이 1/2인 것과 3/2인 것으로 세분하는 것이 편리했다. 중입자의 전하에 대해 또 다른 복잡성이 나타났다. 스핀이 1/2인 중입자는 모두 전하가 0, +1, 또는 -1이었으나, 스핀인 3/2인 중입자는 전하가 1씩 차이가 나면서 +2로부터 -1에 이르는 값을 가졌다. 그런 입자들의 배열이 처음에는 아무런 의미도 없는 것처럼 보였다.

모두 스핀이 1/2이고 그들의 반입자로 구성된 경입자는 두 그룹으로 나누어진다. 한 가지는 전기를 띠며 질량만 제외하면 전자와 같은 것과, 다른 한 가지는 정지질량이 0인 전기를 띠지 않은 중성미자이다. 이 두 그룹 중 첫 번째는 전자, 뮤온, 그리고 질량이 양성자의 약 두 배나 되어 1784.2MeV인 타우 경입자가 포함된다.

입자물리학자들은 세 종류의 중성미자를 검출했다. 한 가지는 "전자 중성미자"라고 불리며 베타붕괴에서 나타나는 보통 중성미자이다. 다른 한 가지는 "뮤온 중성미자"라고 불리며 파이온이 뮤온으로 붕괴될 때 방출되는 중성미자이다. 마지막은 타우 경입자가 붕괴할 때 방출하는 중성미자이다. 서로 다른 경입자가 오로지 여섯 개만 존재한다는 것이 입자들의 세계가 가지고 있는 기본적 특성이다. 각 경입자마다 자신의 중성미자를 동반하고 있다는 사실이 현대 물리학이 가지고 있는 불가사의이다. 중성미자의 스핀과 정지질량이 0이라는 점과 그들의 속도 방향에 대한 스핀 방향의 관계만 고려하면, 모든 중성미자들은 정확히 똑같은 방식으로 행동하므로, 전자 중성미자와 다른 두 가지 중성미자들을 정확히 똑같은 방식으로 행동하므로, 전자 중성미자와 다른 두 가지 중성미자와는 상호작용하지 않는다는 것을 실험학자들이 발견하고 나서 그 구별 방법이 도입되었다.

그렇지만 타우 경입자가 자신의 중성미자를 가졌는지는 아직 실험으로 증명되지는 않았다. 뮤온 중성미자와 전자 중성미자를 실험적으로 구별 지은 것은 1950년대 레더만, 슈바르츠, 슈타인버그가 파이온에서 방출된 중성미자는 양성자와 결합하여 중성자와 뮤온을 만들지만, 결코 중성자와 양전자를 만들지 않는다는 것을 발견한 때이다.

중간자는 스핀이 정수인 보존이며 전하는 +1, 0 또는 −1이고 질량은 파이온 질량(140MeV)으로부터 10,000MeV 이상까지 분포한다. 이 매우 무거운 중간자들은 여러 나라에서 작동 중인 매우 강력한 가속기들에서 만들어졌다. 이렇게 무거운 중간자들이 굉장히 많이 존재한다는 사실은 우주에서 그들의 역할이 무엇이냐는 매우 중요한 질문을 제기한다. 만일 중간자 중에서 가장 가벼운 파이온이 핵력을 나르거나 전달한다면, 왜 다른 중간자들이 존재하는가? 다른 중간자들 모두가 파이온의 들뜬 상태라는 것이 한 가지 답이 될 수는 있을 것이다. 만일 그렇다면, 왜 파이온은 그보다 더 낮은 에너지 상태의 들뜬 상태가 아닌가? 모든 원자나 분자 현상에서는 들뜬 상태가 가능한 가장 낮은 에너지 상태로 붕괴하기 때문에 이 질문은 중요하다.

1950년대 이래 우주선에서 그리고 입자 가속기에서 많은 새 입자들이 발견되었다. 이론물리학자들은 이 입자들을 위에서 설명한 세 그룹 뿐 아니라 보다 더 작게 구분함으로써 이런 혼란 속에서 어떤 질서를 찾아냈다. 그들이 이용한 방법은 어떤 의미에서 화학원소들에 대한 멘델레예프와 비슷한 입자들의 표를 만들려고 시도한 것이었다.

그렇지만 곧 멘델레예프 표와 새로운 가속기에서 급속히 만들어지는 새로운 높은 에너지 입자들을 모두 포함해야 하는 입자들의 표 사이에는 커다란 차이가 있었다. 멘델레예프 표의 모든 동위원소들은 중성자와 양성자라는 단지 두 종류의 기본입자로 이루어져 있으나, 단지 두 종류의 기본적인 구성 입자들을 사용하여 모든 중입자와 모든 중간자를 만드는 것은 불가능했다.

기본적인 입자가 셋 또는 그보다 더 많이 필요했는데 곧 그런 기본입자들이 어떻게 도입되었는지를 살펴볼 필요가 있다.

입자물리학에서는 보존원리가 추가되었는데, 이 추가된 보존원리들 중 가장 중요한 것이, 전하의 보존과 중입자수의 보존, 그리고 경입자수의 보존이다.

입자들이 중입자인지 중간자인지 경입자인지 또는 이들이 어떻게 섞여 있든지 관계없이 그들 사이의 모든 상호작용에서, 상호작용 전의 전체 전하는 상호작용 후의 전체 전하와 같아야만 한다. 전하는 창조되지도 소멸되지도 않는다. 만일 상호작용 후에 양전하를 띤 새로운 입자가 나타나면, 그래서 처음보다 전하가 +1만큼 불어나면, 상호작용 후에 −1의 전하를 띤 이 입자의 반입자가 꼭 나타나야 한다.

중입자수의 보존은 중입자가 항상 중입자와 다른 입자들이 함께 나타나도록 붕괴한다는 사실로부터 유래한다. 모든 중입자에는 중입자수가 부여되는데, 이 수는 바로 중입자가 저절로 붕괴해서 생길 수 있는 핵자들의 수로 정의된다. 알려진 모든 중입자는 결국 한 개의 중성자 또는 한 개의 양성자로 붕괴하기 때문에 중입자수가 +1이다. 양성자 자체도 또한 중입자수가 +1이다. 중입자수의 보존은 양성자가 절대로 안정됨을 의미한다, 만일 양성자가 사라진다면, 중입자 수는 +1에서 0으로 바뀔 것인데 이것은 금지되어 있기 때문이다.

중입자는 창조될 수도 없고 소멸될 수도 없다. 만일 상호작용 후에 또 하나의 중입자가 나타나면 중입자의 수가 같게 유지되기 위해서 반중입자도 동시에 나타나야만 한다. 그런 상호작용에서 중간자나 광자는 보존되지 않는다. 그래서 양성자보다 더 무거운 중입자는 어떤 보존원리도 위배하지 않고 파이온과 양성자 또는 중성자로 붕괴할 수 있다. 중입자는 또한 다른 중입자와 광자, 또는 중입자와 광자 그리고 중간자로 붕괴될 수도 있다.

경입자수의 보존도 또한 상호작용에서 잘 들어맞는다. 어떤 입자의 경입자 수는 그 입자가 붕괴할 수 있는 전자 또는 중성미자의 수이다. 전자와 중성미자의 경입자 수는 +1이다. 어떤 중간자든지 그 경입자 수는 0이지만 뮤온의 경입자 수는 +1이다. 양전자의 경입자 수는 -1이며, 양전자나 반중성미자로 붕괴될 수 있는 어떤 반입자든지 그 경입자 수는 -1이다. 경입자수의 보존원리란 서로 상호작용하는 입자와 반입자들의 모임에서 전체 경입자 수는 상호작용하기 전이나 후에 같아야만 된다는 것이다.

중성자가 붕괴하기 전에는 중입자수가 1이고 경입자 수는 0이다. 중입자수의 보존은 중성자가 양성자로 붕괴되어야 함을 의미하며, 전하의 보존은 양성자와 함께 전자도 따라서 생겨야 함을 의미한다. 그러나 양성자와 전자만 생긴다면 경입자수의 보존에 위배되며, 그래서 이 붕괴에서 반경입자도 함께 나타나야만 한다.

중성미자가 나타나자 그것이 흡수되거나 방출되는 과정에서는 반전성 보존이 성립되지 않는다는 것이 밝혀졌다. 반전성이라는 개념은 실제 세상에서 일어나는 것과 실제 세상이 거울에 비친 상에 나타나는 사건을 묘사하는데 있어 이들을 어떻게 비교하여 분석하는 것에서부터 시작된다. 거울이 하는 일이라고는 왼쪽 현상을 모두 오른쪽 현상으로 바꾸고 오른쪽 현상을 왼쪽 현상으로 바꾸는 것이 전부이므로 실제 우주에서나 거울에 비친 상의 우주에서나 자연의 법칙이 같으리라고 기대되기 때문에, 반전성의 개념이 처음에는 어떤 어려움이나 질문을 야기하지 않을 것처럼 보인다.

이런 관점에 따르면 거울 속에 있는 어떤 사건을 보더라고 우리가 우주의 반사된 상을 보고 있다는 것을 알 수 없어야 한다. 이런 개념을 "반전성 보존의 원리"라고 하며, 왼쪽 현상이나 오른쪽 현상을 지배하는 법칙이 다르다는 이유를 찾을 수 없으므로 이 원리는 매우 그럴듯하게 여겨진다. 현대 물리학에서는 어떤 계나 현상의 반전성은 그 계나 그 현상을 묘사하는 파동함수로 정의될 수 있다. 이 파동함수는 우리가 사건을 묘사하는데 사용하는 기준틀에 의존하는 수학적 표현이다. 이제 만일 우리 좌표계의 세 축 중에서 한 축의 방향을 거꾸로 바꾼다면, 거울 속에 있는 사건을 얻는 셈이 된다. 그런 좌표 변환을 "반사"라고 한다. 여기서 양자역학적 관점으로 다음과 같은 의문이 제기된다. 우리가 좌표계를 위와 같은 방법으로 바꾸면 사건을 묘사하는 파동함수에는 어떤 일이 일어날 것인가?

양자역학적 논의를 따르면 파동함수는 변하지 않을 수도 있고 또는 파동함수의 부호가 바뀔 수도 있다. 앞의 경우에 우리는 그 계나 현상의 반전성이 "양"이라고 부르며 뒤의 경우에는 "음"이라고 부른다. 물리학자들은 두 종류의 반전성이 모두 자연에서 아주 자연스럽게 일어남을 발견했으나,

중성미자 현상과 약상호작용이 발견되기 전까지는, 반전성이 짝에서 홀로 또는 홀에서 짝으로 바뀌는 것은 한 번도 관찰된 적이 없었다. 그런 이유 때문에, 물리학자들은 반전성 보존의 원리를 제안한 것인데, K 중간자라고 불리는 한 무리의 중간자들의 행동으로부터 보편적으로 인정되었던 그 원리가 과연 성립하는지에 대한 의문이 제기되었다. 이 중간자들은 두 개 또는 세 개의 파이온으로 붕괴하며 K 중간자와 파이온의 반전성은 분명하게 정해져 있고 두 파이온의 반전성은 짝인 반면 세 파이온의 반전성은 홀이므로 이 붕괴에서 반전성이 항상 보존되는 것은 아니다.

리청다오와 양첸닝이 대담하게 반전성이 강한 상호작용이나 전자기 또는 만유인력 상호작용에서는 보존되지만 약한 상호작용에서는 성립하지 않는다고 제안할 때까지는, 이 반전성에 관한 문제를 어떻게 해야 할지 아무도 몰랐다. 이 가설은 후에 물리학자인 우가 코발트 핵의 베타붕괴를 조심스럽게 분석하여 실험적으로 증명되었다.

그녀의 실험에서는 코발트 핵이 방출하는 베타선은 핵이 회전하는 방향과 그 반대 방향으로 똑같이 방출되지 않고 회전 방향의 반대 방향으로 더 잘 방출됨을 보여주었다. 이 결과는 다음 이유 때문에 반전성 보존을 명백히 위반한다. 핵이 회전하는 방향이 거울에 대하여 어떻게 놓였느냐에 따라서, 거울의 상은 방출된 베타선의 방향은 바꾸지 않으면서 회전하는 방향만 거꾸로 바꾸든지 또는 회전하는 방향은 바꾸지 않으면서 베타선의 방향만 거꾸로 바꾸므로, 위의 결과와 같은 비대칭성은 회전하는 코발트 핵에서 방출되는 베타선에 대해 실제 과정과 거울에 비친 상의 과정을 비교하면 서로 다름을 말해 준다.

중성미자 자신은 그 운동방향에 대하여 회전하는 방향이 고정되어 있으므로 중성미자에게는 반전성 보존이 적용되지 않음을 아주 간단하게 보여준다. 자신으로부터 달아나는 중성미자를 관찰하는 사람은 항상 시계 반대방향으로 회전하는 중성미자를 보고, 따라서 자신에게 가까이 다가오는 중성미자를 관찰하는 사람은 항상 시계방향으로 회전하는 중성미자를 본다. 이것은 중성미자가 빛의 속력으로 움직이며 정지 질량이 0임을 말해준다. 그렇지 않다면 관찰자는 중성미자를 뒤에서부터 따라잡을 수 있을 만큼 빨리 움직일 수 있을 것이고 그래서 중성미자를 앞서 가게 되면 중성미자는 관찰자로부터 멀어지는 셈이지만 그래도 관찰자에게는 그 중성미자가 시계 방향으로 회전할 것이며, 이것은 멀어지는 중성미자가 시계 반대 방향으로 회전해야만 한다는 사실에 위배된다. 반중성미자의 속도와 스핀 사이의 관계는 중성미자의 그것과 서로 반대이다.

우리로부터 멀어지지만 거울로는 가까이 다가가는 중성미자를 생각하자. 거울에 비친 그 중성미자의 상은 우리에게 다가오지만, 그 상의 스핀은 역시 시계 반대 방향이다. 그러므로 거울 속의 중성미자의 상은 중성미자가 아니고 반중성미자이다. 그래서 거울 속에 비친 우주의 상은 실제 우주와 같은 법칙을 만족하지 않는다. 우리 우주를 거울 속의 상으로 변환하면 반전성은 보존되지 않는다. 이런 생각은 거울 속 우주의 상이 존재할 수 없음을 뜻하지는 않는다. 거울 속 우주는 실제로 존재할 수 있다. 그렇지만 그런 우주에서는 모든 입자들이 반입자로 바꾸어져 있다. 그 점만 빼고는 모든 법칙이 동일하다.

1950년대 우주선 선속에 들어 있으며 가속기 안에서 충돌로도 만들어지는 파이온과 뮤온 외에 약간 이상한 성질을 가진, 매우 무거운 중입자들의 새로운 가족들이 발견되었다. 잘 알지 못하는 입자의 가족들이 발견되면, 물리학자들은 질량이나 스핀, 전하 그리고 반전성과 같은 이해할 수 있는 성질에 따라 그것들을 배열하려고 시도한다. 이 당시에 발견된 전형적인 새로운 무거운 중입자들은 스핀이 1/2인 8개의 중입자의 모임에, 그리고 스핀이 3/2인 10개의 중입자 모임에 아주 자연스럽게 배열되었다. "초다중선"이라고 불리는 이들 모임은 각기 전하와 질량, 그리고 기묘도라고 불리는 이름에 따라 배열된 부속 그룹으로 나누어진다. 각 부속 그룹에 속한 입자들의 질량은 거의 같지만, 평균 질량은 핵자 이중선의 경우인 약 940MeV에서부터 약 1,312MeV까지 증가된다.

입자물리학자들은 여기에 "하전스핀"이라고 불리는 다른 숫자를 한 가지 더 도입했는데, 이것은 각 부속 그룹에 속한 입자의 수를 알게 해준다. 하전 스핀은 실제 스핀과는 아무런 관계도 없고 오히려 전하와 관계된다. 한 부속 그룹에서 서로 다른 전하를 갖는 입자의 수는 하전 스핀에 1을 더한 것의 두 배와 같다.

이후 고에너지 입자물리학에서는 굉장한 이론적 발견이 나타났는데 이 이론이 바로 하드론에 대한 "쿼크이론"이다. 이 이론은 머레이 겔만으로부터 시작되었으며, 그는 매우 일반적인 대칭관계로부터 중입자들이 여덟 개나 열 개인 초다중선으로 배열되는 것은 그가 임시로 "쿼크" 삼중선이라고 부른 것에 의해 이해될 수 있음을 보였다.

대칭성 방식을 가장 처음으로 사용했던 겔만의 제안은 그 수가 정신없이 늘어가는 입자들의 모임에 어떤 가닥을 잡게 만들어주었으며, 인위적으로 생산된 수명이 짧고 무거운 기묘 입자들의 여러 가지 이상스러움을 설명하는데 도움이 되었다.

겔만의 분류법에서 한 가지 전통적이지 않은 특성은 점과 같은 입자들이 1보다 작은 전하를 가졌다고 가정한 점이다. 그는 이 입자를 "쿼크"라고 불렀다. 겔만은 자연에 세 가지의 쿼크가 존재한다고 제안하고, 그들을 "위", "아래", 그리고 "기묘"쿼크라고 불렀다. 이 쿼크들은 전자의 2/3 또는 -1/3만큼의 전하를 가졌으며, 이 값이 아무렇게나 정해진 것처럼 보임에도 불구하고 전하의 기본단위로 인정받고 있다. 쿼크는 아무런 구조도 갖고 있지 않다고 알려져 있으므로, 우주의 모든 물질은 쿼크와 경입자가 조합되어 이루어진 것으로 믿어진다. 그런 입자를 더 이상 나눌 수는 없어서, 물리학자들은 예견되고 있는 "탑" 쿼크가 발견되면 자연의 기본적인 구성요소에 대한 탐사가 막을 내릴 것이라고 주장한다.

처음에 겔만은 단지 두 종류의 쿼크만 제안했는데, 그들은 전하가 2/3인 "위(up)" 쿼크와 전하가 -1/3인 "아래(down)" 쿼크였다. 그래서 양성자는 두 개의 위 쿼크와 한 개의 아래 쿼크로 구성되어 있고, 중성자는 한 개의 위 쿼크와 두 개의 아래 쿼크로 이루어진 복합구조를 갖는 것으로 생각되었다. 위 쿼크와 아래 쿼크에 1보다 작은 서로 다른 전하를 부여한 쿼크 가설이 초기에는 물리학자들을 매우 불편하게 만들었다. 그들은 자연에 존재하는 가장 작은 전하는 전자가 지닌 전하 e이고 다른 모든 전하는 이 기본전하의 0보다 크거나 작은 정수배라는 생각에 길들여졌기 때문이었다.

그러나 만일 중입자가 세 개의 쿼크로 되어 있다면 위와 같은 생각은 분명히 성립할 수 없으며, 전자의 전하를 단위전하라고 하는 것이 u 쿼크나 d 쿼크의 전하를 단위 전하라고 부르는 것보다 더 의미 있어 보이지 않았으므로 단위전하라는 생각은 의미를 잃게 되었다.

겔만의 쿼크 이론에서는, 핵자나 또는 중입자에 들어 있는 세 개의 쿼크들은 강력에 의해 서로 모여 있음, 이 힘의 수학적 형태에 대해서는 전혀 알지 못하므로, 이 이론이 중입자 안에서 행동하는 쿼크들의 동역학적 양상에 대한 설명을 해주지는 못한다. d 쿼크가 u 쿼크보다 더 무거우리라고 가정하는 것 이외에 쿼크들의 질량에 대해서는 전혀 알려져 있지 않았다. 그런데 d가 지닌 전하가 u가 지닌 전하보다 작고, 전하 자체가 질량에 기여하므로 전하가 큰 것이 더 큰 질량을 가지리라고 기대되기 때문에 d 쿼크가 u 쿼크보다 더 무겁다는 생가 자체도 의심스러운 것이었다.

팔중선에 속한 더 무거운 기묘한 중입자들이 발견됨에 따라서, u와 d 쿼크만 가지고는 기묘한 중입자의 구조를 설명할 수 없음이 명백해졌다. 세 번째 쿼크가 필요했고 그런 쿼크로 s 쿼크가 제안되었다.

쿼크 이론은 쿼크에 추가적 성질이 더 필요하게 되는 등 몇 가지 어려움에 부딪쳤으며 따라서 이론이 굉장히 복잡해지게 되었다. 가장 간단한 형태를 갖는 쿼크 모형은 동일한 두 페르미온은 동일한 양자 상태에 함께 존재할 수 없다는 파울리의 배타원리에 위배된다.

겔만과 그의 동료들은 각 쿼크에는 세 가지 다른 종류가 있다고 가정하고 이 종류를 나타내는 이름을 "색깔"이라 불렀다. 그래서 u, d, s 쿼크에는 각기 빨강, 노랑, 파랑 색깔의 세 종류가 있다고 가정하였다.

전하들 사이의 전자기적 힘이 광자를 방출하고 흡수함으로써 전달되는 것과 비슷하게, 쿼크 사이의 강한 힘도 "글루온"이라고 불리는 스핀이 1인 보존에 의해 전달된다고 묘사된다. 이 글루온은 자체가 색깔을 가지고 있으며 따라서 글루온도 그들 자신과 상호작용한다. "색깔"을 나르는 글루온은, 전자기힘은 나르지만 전하는 나르지 않으므로 자신들끼리는 상호작용 하지 않는 광자와 아주 다르다. 강한 힘을 이런 식으로 보게 되면, 글루온이 쿼크로부터 방출되거나 흡수되면 쿼크의 색깔을 바꿀수 있다.

전자기력에 대한 광자이론을 양자동역학(Quantum Electro Dynamics, QED)이라고 부르는 것과 마찬가지로, 강력에서 색깔을 띤 글루온-쿼크 모형을 양자 색소동역학(Quantum Chromo Dynamics, QCD)라고 부른다.

"매력(charm)"이라고 불리는 네 번째 쿼크는 기대되었던 것에 비해 아주 드물게 일어나는 특정한 종류의 하드론 반응을 설명하기 위하여 1970년 하버드의 이론물리학자 그룹에 의해 제안되었다. 1970년 브루크헤이븐 국립 연구소의 실험물리학자 그룹은 그들이 J라고 명명한 어떤 중간자를 발견했고, 스탠포드 입자 가속기에서 일하는 다른 그룹은 $\Psi$(프사이)라고 부른 중간자를 발견했다. 나중에 이 두 입자가 s쿼크 보다 더 무거운 쿼크와 반쿼크로 이루어진 동일한 중간자임이 밝혀졌다. J/$\Psi$ 중간자가 존재한다는 사실은 그것을 이루는 쿼크의 질량이 s쿼크나 u나 d 반쿼크의 어떤 조합으로도 설명하기에는 너무 컸으므로 "매력" 쿼그의 존재를 발견한 증거라고 간주되었디.

"매력"을 발견한 후에 레더만이 이끌고 있던 페르미 연구소의 물리학자들 그룹이 1977년 질량이 9.46MeV이고 전하가 -1/3인 새로운 중간자를 발견했다. 그들은 이 중간자가 그들이 b(바닥)이라고 부른 다섯 번째 쿼크의 존재에 대한 증거라고 받아들였다. 그러나 입자물리학자들은 경입자와 쿼크 사이의 대칭성으로부터 여섯 번째 쿼크(t쿼크)가 존재해야만 한다고 주장했기 때문에, 위의 발견으로 쿼크를 쫓는 탐색이 끝나지는 않았다.

중성미자와 중입자 그리고 중간자들 사이의 상호작용을 만드는 힘인 약한 상호작용을 나르거나 전달한다고 가정되어 온 중간단계 보존인 $W^{\pm}$와 $Z^0$도 중요하다. 이 상호작용은 단지 중성미자가 중입자나 또는 중간자에 지극히 가까이 다가갈 때에만 일어나기 때문에, 중간단계 보존의 질량이 매우 커야만 한다. 전자기 상호작용과 약한 상호작용을 한데 묶으려는 시도에서 유래되는 이론적 추론에 의하면 $W^{\pm}$의 질량은 약 80GeV이고 $Z^0$의 질량은 약 92GeV일 것으로 예상된다.

전기를 띤 중간단계 보존으로 $W^+$와 $W^-$ 두 가지가 필요한 것은 중성미자가 전하를 교환하면서 중입자나 중간자와 상호작용을 할 수 있기 때문이다. 그래서 약한 상호작용에서는 중성자가 전자와 반중성미자를 방출하며 양성자로 바뀐다. 이 베타붕괴 과정은 중성자 안의 d 쿼크에 $W^-$를 방출하고, 그 다음에 $W^-$가 매우 빨리 전자와 반중성미자로 붕괴됨으로써 발생한다. 중간단계 보존이론에 의하면, 중성미자가 양성자에 의해 산란되면서 전하를 얻지 않고 양성자의 전하도 바뀌지 않으면, 양성자와 고에너지 중성미자 사이에 $Z^0$가 교환된다.

1981년 CERN의 실험 물리학자들은 카를로 루비아의 지휘 아래 한 방향으로 움직이는 양성자 선속을 그 반대 방향으로 움직이는 반양성자 선속과 충돌시키는 슈퍼 양성자 싱크로트론을 가동했다. 서로 반대 방향으로 움직여서 충돌되는 양성자와 반양성자는 서로를 소멸시키면서 540GeV에 달하는 총에너지를 방출하도록 설계되었다. 원래 540GeV라는 에너지는 이론적으로 예견된 W와 Z의 질량에 해당하는 입자들을 만들수 있도록 정해졌으므로, 여기서 생기는 입자들 중에 W 또는 Z도 포함되기를 바랐다. 1984년 7월 CERN 그룹은 그들의 사진 건판에 기록된 10억 개 이상의 사건들 중에서 여섯 사건을 발견했다고 발표했다.

## 36. 흑체복사

  양자역학의 역사는 독일의 막스 플랑크로부터 시작된다. 막
스 플랑크는 1858년 독일의 킬에서 태어났다. 그는 뮌헨의 맥
시밀란 김나지움을 다녔는데 그곳의 교사였던 헤르만 뮐러에
의해 과학에 흥미를 갖게 된 것으로 알려진다. 뮐러로부터 에
너지 보존에 관한 원리를 배우면서 절대적이고 보편적으로
성립하는 물리 법칙이 있다는 사실에 플랑크는 크게 감명을
받고, 그는 자연의 절대적이거나 기본적인 법칙을 찾는 일이
야말로 과학자가 해야 할 사명이라고 생각하였다.

  김나지움을 졸업한 뒤에, 그는 뮌헨 대학교와 베를린 대학
교에 다녔고 그곳에서 물리학과 수학을 배웠다. 특히 그는 베
를린에서 헤르만 헬름홀츠와 구스타프 키르히호프와 같은 당
대의 세계 최고의 학자들에게 물리학을 배웠다. 이들로부터
플랑크는 열역학에 크게 관심을 갖게 되었다.

  19세기 말 고전 물리학이 당면한 또 다른 어려움은 뜨거운
물체가 방출하는 복사의 성질을 조사하면서 드러났다. 복사를
이루고 있는 파장을 분리해 내는 분광기가 뜨거운 고체나 별
들에서 나오는 복사를 연구하는데 이미 광범위하게 사용되고

있었다. 밝게 빛나는 기체로부터 나오는 빛의 스펙트럼은 선명하게 밝은색을 띤 불연속적인 몇 개의 띠들로 이루어졌음은 이미 알려졌다. 가열하면 빛을 내는 고체에서 나오는 빛의 스펙트럼은 빨간색에서 보라색에 이르기까지 연속적으로 분포한다. 이 두 종류의 스펙트럼에 관해서 많은 의문이 제기되었다. 물리학자들은 동시에 알려진 기본 물리 법칙 들을 이용하여 이 의문의 대답을 유추하려고 하였다.

뜨거운 고체나 밝게 빛나는 기체에서 나오는 복사의 성질은 그 물체의 성질뿐 아니라 물체의 온도에도 의존하는 것처럼 보였다. 맥스웰의 전자기 이론에 의하면 복사는 전자기 현상에 속하므로, 물리학자들은 전기와 자기 법칙들과 열역학 법칙을 뜨거운 물체와 밝게 빛나는 기체에 제대로 적용하면 실험으로부터 제기된 의문들에 대한 해답을 얻을 수 있으리라고 확신했다.

키르히호프는 1860년 열역학에 의해 주어진 온도를 갖는 물체의 표면 $1cm^2$에서 복사를 방출하는 비율과 흡수하는 비율 사이를 연관 짓는 중요한 법칙을 발견했다. 키르히호프는 복사를 곧바로 반사하는 표면과 복사를 흡수하는 표면을 엄밀히 구별했다. 이 두 성질은 동시에 존재할 수 없음이 명백하다.

만일 한 표면이 그곳에 와 닿는 복사 대부분을 흡수한다면, 흡수되지 않은 극히 일부분의 복사만 반사될 수 있을 것이며 그 반대도 마찬가지이다. 이때 두 극단적인 경우로, 와 닿는 모든 파장을 반사하고 하나도 흡수하지 않는 완전한 반사체와 모든 파장을 흡수하는 완전한 흡수체이다. 완전한 반사체를 백체라고 하며 완전한 흡수체를 흑체라고 한다.

흑체복사의 문제는 빈(W. Wien), 레일리(J. Rayleigh), 진스(J. Jeans) 같은 학자들에 의하여 다루어졌다. 하지만 고전역학이나 전자기학의 이론을 이용하여 흑체복사를 설명하려는 시도는 모두 실패하고 말았다. 어떤 온도에서 물체가 내는 전자기파의 파장과 세기를 조사해 보면 모든 파장에 따라 세기가 달라진다.

물체가 내는 전자기파의 세기는 어떤 파장에서 최대가 되고 그 파장보다 길거나 짧아짐에 따라 세기가 약해진다. 그리고 세기가 최대가 되는 전자기파의 파장은 온도가 높아짐에 따라 짧아진다.

1900년에 플랑크는 이 흑체복사의 문제를 이론적으로 설명하기 위하여 대담한 가정을 하였다. 그는 물체가 흡수하거나 발산하는 에너지는 연속적인 양이 아니라 불연속적인 양으로만 가능할 것이라고 가정하였다. 이러한 것을 에너지가 양자화되어 있다 하고 플랑크의 가설은 양자화 가설이라고 한다.

에너지도 최소 단위의 배수로만 주거나 받을 수 있다는 플랑크의 가설을 기존의 이론에 적용시키면, 실험에서 얻을 수 있는 곡선을 정확하게 설명할 수 있었다. 따라서 에너지가 최소 단위의 정수배라는 불연속적인 양으로만 존재할 수 있고 서로 주고받을 수 있다는 가설을 받아들일 수밖에 없게 되었다. 그리고 에너지의 최소 단위를 플랑크 상수라고 불렀다.

## 37. 광전 효과


알버트 아인슈타인은 1905년 "물리연감(Annalen der Physik)" 이라는 학술지에 "빛의 창조와 변화에 관한 과학적 관점에 대하여" 라는 논문을 발표한다. 이 논문에서 아인슈타인은 물질적 물체를 지배하는 법칙(입자론)과 복사를 지배하는 법칙(파동론) 사이에 얼마나 복잡한 차이가 존재하는지를 설명하는 것으로 이 논문을 시작한다. 그은 이 차이가 입자를 한 곳에 집중시킬 수 있는 가능성과 파동을 한 곳에 집중시킬 수 없는 불가능성으로 분명히 구별되는 것에 유의하였다.

그는 이 차이가 겉으로 보이는 것처럼 그렇게 결정적이고 예리하지 않을지도 모르며, 복사에 대한 어떤 현상은 파동이 복사의 본성 중 단지 일부분이라고 생각해야만 그 설명이 가능한 경우도 있으며 복사가 부서지지 않는 연속된 파동이라기보다는 오히려 "공간에 불연속적으로 분포되어 있다"는 가능성도 고려해야 한다고 하였다.

아인슈타인은 완전히 반사하는 벽으로 이루어진 용기 속에 들어 있는 복사를 살펴보고서 만일 스펙트럼의 분포가 플랑크의 복사공식의 지배를 받는다면, 복사는 모든 면에서 비추어 보아 각각 $hv$($h$는 플랑크 상수, $v$는 진동수)의 에너지를 갖는 덩어리로 이루어진 기체와 같이 행동함을 보였다. 이것은 후에 "광자"라고 부르게 되었는데 플랑크의 양자적 개념을 분명하게 확립하는 계기가 되었다.

아인슈타인은 복사를 분석하는데 있어서 용기에 속한 작은 부피 속에 들어 있는 복사의 에너지가 요동치는 것은 이것이 두 항의 합으로 표현되는데, 한 항은 맥스웰의 빛의 파동이론으로부터 유도될 수 있는 것이지만 두 번째 항은 순수한 양자론에 의한 것이며 복사 속에 들어 있는 양자의 존재로부터 유래함을 보였다. 이것은 복사의 파동적 측면과 입자적 측면 중에서 어느 하나를 무시하더라도 그 분석이 잘못됨을 보여준다. 이것은 오늘날 물리학에 내재되어 있는 파동과 입자의 이중성에 대한 최초의 예가 되었다.

아인슈타인은 빛의 양자(광자) 개념을 이용하여 광전 효과를 완벽하게 설명하였다. 광전 효과의 역사적 배경을 잠시 살펴보면, 헤르츠는 전하를 띠고 있는 금속 구에 자외선복사를 쪼여주면 전하를 잃어버리지만 빨간빛을 쪼여주면 그런 일이 일어나지 않음을 발견했다. J. J. 톰슨이 전자를 발견함에 따라 자외선복사가 구의 표면으로부터 전자를 튕겨내어 방전시키는 것이 분명하지만, 고전 전자파 이론에 의하면 별 다를 것이 없는 빨간 빛을 쪼여주면 같은 일이 일어나지 않는 이유가 분명하지 않았다. 전자들이 금속구의 표면으로부터 튕겨져 나가는 것은 그들을 구에 붙잡아두고 있는 사슬을 끊기에 충분한 에너지를 복사로부터 흡수하기 때문인데, 고전 파동이론에 의하면 자외선복사이거나 빨간빛이거나에 관계없이 전자들이 모두 튕겨져 나가야 한다. 고전이론에 따르면 매초 구에 전달되는 에너지는 파동의 세기에만 의존한다. 그러나 관찰에 의하면 이 이론은 옳지 않다. 빨간빛의 세기가 아무리 강하더라도 전자를 튕겨내지 못하지만, 자외선은 아무리 약해도 전자가 튀어나온다.

아인슈타인은 이를 빛의 입자인 광자로 설명한 것이다. 각각의 전자는 한 개의 광자를 흡수함으로써 튀어나온다. 그러므로 광자는 전자가 튀어나오고 관찰된 전자의 운동에너지를 갖는데 필요한 일을 해줄 만큼 충분한 에너지를 지녀야 한다. 그러나 빨간색 광자는 플랑크 공식에 의하면 필요한 일을 하기 위한 충분한 에너지를 갖기에는 진동수가 너무 낮다. 그러므로 아무리 많은 수의 빨간색 광자가 금속 구를 때려도 한 개의 전자도 튀어나오지 못한다. 이와는 반대로 자외선의 진동수는 각 자외선 광자가 금속구로부터 전자를 떼어내기에 충분한 에너지를 가지고 있다. 아인슈타인은 광전 효과의 다른 특징 하나도 지적하였다. 전자들은 금속표면에 띄엄띄엄 위치한 점으로부터 나오게 되며 이것은 그런 점들이 제각기 복사의 덩어리(양자)를 받았음을 시사한다. 파동이라면 전체 표면으로 다 펼쳐졌을 것이며 따라서 그 표면의 모든 점이 전자를 방출할 수 있었을 것이다. 이인슈타인은 금속표면으로부터 전자를 떼어내고 관찰된 운동에너지를 주기 위해 광자가 가져야 하는 진동수를 계산했고 그 결과로 1921년 노벨 물리학상을 수상하게 된다.

## 38. 빛의 속도

　마이켈슨은 1852년 독일에서 태어나 2살 때 부모님과 함께 미국으로 이민을 갔다. 그는 해군사관학교를 졸업하고 2년 동안 해군으로 근무하다가 다시 해군사관학교로 돌아와 물리학을 가르쳤다. 이때부터 마이켈슨은 빛의 속도를 측정하는 실험을 하여 평생 빛에 대한 연구를 한다.

　1883년 그는 현재의 케이스 웨스턴 리저브 대학의 물리학 교수가 되었고 당시 최고의 성능을 가진 간섭계를 만들었다. 1887년 광학에 관심이 많던 화학과 교수인 몰리와 함께 빛에 대한 연구를 같이 계속해 나갔다.

　빛의 전파에 대한 마이컬슨의 지대한 관심과 진공 중에서의 빛의 속력 측정으로부터 그는 모든 것에 스며들어 있는 에테르에 대한 태양계의 궤도를 회전하는 지구의 상대 속력을 결정할 수 있을지도 모른다는 생각이 들었다. 에테르는 당시에 우주의 한 특성으로 받아들여지고 있었다. 빛에 대한 맥스웰의 전자기 이론은 빛이 진공을 통하여 파동처럼 전파됨을 보여주었으며, 파동의 전파에는 매질이 필요하다고 생각되었으므로 그러한 매질로서 빛을 발하는 에테르가 제안되긴

했지만, 에테르가 존재한다는 실험적 증가가 얻어진 적은 결코 없었다. 마이컬슨은 지구와 같은 방향으로 움직이는 빛의 속력과 지구의 운동과 직각 방향으로 움직이는 빛의 속력을 비교하여 에테르를 찾아낼 것을 제안했다. 그러면 이 두 속력 사이의 차이는 지구의 운동을 보여줄 뿐 아니라 그 궤도 위에서 지구가 움직이는 실제 속력을 알려주게 된다.

이 실험의 이론적 기반은 만일 에테르가 존재한다면 움직이는 자동차가 그 뒤편에 지나가는 공기의 흐름을 만드는 것과 똑같은 이치로 지구의 운동이 그 속도에 반대방향을 향하는 에테르의 흐름을 유발할 것이라는 점이다. 지구에서 측정된 빛의 속력은 빛이 이 흐름에 평행하게 움직이든지 또는 이 흐름에 수직하게 움직이는지에 따라 에테르의 흐름에 영향을 받게 되거나 또는 받지 않게 될 것이다.

이러한 분석을 강에서 같은 빠르기로 수영하는 두 명의 사람에게 적용하면 상황이 비슷하다. 한 사람은 강물이 흐르는 방향으로 수영하여 주어진 거리를 갔다 돌아오고, 다른 사람은 같은 시각에 같은 위치에서 출발하여 같은 거리를 강을 가로질러서 갔다가 돌아온다고 하자. 수영하는 두 사람은 출발한 위치로 동시에 돌아올 수 없다. 속력을 더하는 간단한 수학적 덧셈 법칙으로 알 수 있듯이, 강을 가로질러서 수영한 사람이 항상 먼저 돌아온다.

만일 빛이 공간의 모든 곳에 스며들이 있는 고정된 에테르를 통하여 전파된다면, 지구의 운동으로 만들어진 에테르의 흐름은 지구의 운동 방향으로 움직이는 빛이 광원으로부터 일정한 거리에 놓인 거울에 부딪혀 반사하여 돌아오는 경우가 지구의 운동방향과 수직으로 움직이는 빛이 같은 거리에 놓인 거울에 반사하여 돌아오는 경우보다 더 느리게 되어야 한다.

마이컬슨과 몰리의 실험 장치는 무척 민감했으며 태양의 주위를 도는 지구의 속력이 실제 매초 30km 대신에 매초 1km라 할지라도 두 빛이 왕복하는 운동의 시간 차이를 감지할 수 있도록 설계되었다. 그들은 어떠한 차이도 찾아낼 수 없었으며 마이컬슨은 실망 속에서 실험은 실패라고 생각하였다.

마이컬슨은 자신의 실험을 제쳐놓고 아무런 중요성도 없다고 잊어버렸지만, 당시의 물리학자들은 이 결과 속에 비록 그 중요성이 어느 정도인지는 모르지만, 자연에 관한 매우 중요한 진술이 들어있음을 알아차렸다.

이는 고전 과학에서 주장하였던 에테르가 실질적으로 존재하지 않으며 빛의 속도는 관찰자의 운동에 관계없이 항상 일정하다는 결론이 도출되었다.

마이켈슨과 몰리의 이 실험은 아인슈타인이 특수상대성이론을 발견하는데 있어 아주 중요한 단서가 되었고, 마이켈슨은 이 공로로 1907년 미국인 최초로 노벨상을 수상하였다.

## 39. 특수상대성이론


과학의 역사에서 상대성이론과 같이 한 사건이 인간의 사고에 그렇게 심오한 영향을 미친 적은 없을 것이다. 상대성이론은 1905년의 특수상대성이론과 1915년의 일반상대성이론으로 나타났다. 상대론에서 요구하는 바와 같이 3차원 공간과 1차원 시간을 4차원 시공간 다양체로 결합한 것은 철학을 완전히 바꾸어 놓았고, 따라서 상대론으로 인해 현대 물리학이 고전물리학과 다르다.

아인슈타인의 특수상대성이론에 대한 구상은 1900년경에 빛의 움직임에서의 어떤 측면들이 그를 의아하게 만들면서 싹트기 시작한 것이 틀림없다. 물리학은 빠른 속도로 발전했고 물질과 에너지에 대한 많은 성질들을 밝혀내고 있었지만, 당시 마이켈슨과 몰리의 실험은 충격 그 자체였다.

아인슈타인은 물리학의 주류와는 접촉이 없었지만, 그는 맥스웰의 전자기 이론은 알고 있었고 빛의 성질, 그중에서도 특히 빛의 운동을 이해하려는데 깊이 몰두했다. 자연의 법칙을 통합한다는 의미에서, 그리고 이 통합이 움직이는 물체에 대한 법칙과 광학의 법칙이 자연에서 동등한 자격으로 존재해야 된다는 이해에 의해서 그는 연구에 몰입하였다. 즉 두 종류의 법칙들은 같은 총체적인 원리에 의해 다스려져야 한다는 것이다. 예를 든다면 만일 역학의 법칙이 서로 상대적으로 운동하는 모든 관찰자들에게 동일하게 나타난다면 광학의 법칙도 똑같이 그래야 된다고 확신한 것이다. 이것이 아인슈타인의 불변원리이다.

예를 들어 우리가 동일한 직선 위에서 일정한 속력으로 움직이는 기차나 비행기를 타고 있을 때에 기차나 비행기 안에서의 어떠한 관찰에 의해서도 우리의 균일한 운동을 측정할 수 없다. 그 이유는 뉴턴의 법칙이 관찰자의 균일한 운동에는 무관하므로, 관찰자가 균일하게 움직이는 한 기준계에서 다른 기준계로 옮기더라도 이 법칙들을 바뀌게 할 수 없기 때문이다.

아인슈타인은 이런 생각들을 광학 현상에 옮김으로써 광학 법칙들도 역학 법칙들처럼 우리의 균일한 운동을 드러낼 수 없다고 확신했다. 이것은 아인슈타인이 설명한 것처럼 빛의 진행을 묘사하는 맥스웰 방정식이 관찰자의 운동에 의존할 수 없음을 뜻한다. 이 방정식들이 전자기파의 속력, 즉 빛의 속력을 포함하고 있기는 하나 빛의 속력에 의존할 수 없다. 만일 의존한다면 맥스웰 방정식에 의해 나타나는 광학 현상들을 마이컬슨-몰리 실험이나 또는 다른 광학실험으로부터 공간에서의 절대운동을 결정하는데 이용할 수 있기 때문이다. 아인슈타인은 진공 중에서의 빛의 속력은 광원과 관찰자의 운동에 무관해야 함을 깨달았다. 이것은 어떤 관찰자가 측정하든지 빛의 속력은 광원과 관찰자 사이의 상대속도에 의존하지 않는다는 것을 뜻한다. 빛의 속력이 불변이라는 것은 공간과 시간의 개념에 막대한 충격을 가했다.

아인슈타인은 뉴턴 역학을 상대론적 역학으로 바꾸어 놓게 한 특수 상대성 이론에 도달할 수 있도록 하는 두 개의 강력한 개념을 갖게 되었다. 뉴턴 역학과 상대론적 역학의 차이를 형식적인 관점에서 보면 뉴턴의 법칙은 빛의 속력을 하나의 보편상수로 포함시키지 않고 이에 의존하지 않는 데 반해 모든 상대론적 법칙은 이를 포함한다.

아인슈타인은 빛의 속력이 일정하다고 가정한 다음에 절대시간과 절대공간이라는 기존의 개념들을 철저하게 분석하였는데, 만일 빛의 속력이 변하지 않는다면 이 개념들이 바뀌어야 한다고 확신했다. 이러한 점을 증명하기 위해 그는 공간에서 떨어져 있는 두 사건에서 동시성이라는 개념이 절대적 의미를 갖지 못하고 관찰자의 운동에 따라 달라짐을 예증하는 사고실험을 수행하였다.

서로 상대적으로 운동하면서 빛의 속력을 측정하려는 두 관찰자를 생각해보자. 이 두 관찰자는 모두 동일한 시계 그리고 길이가 300,000km인 동일한 자를 갖고 있다. 한 관찰자는 기찻길 옆에 그의 자를 철길에 평행하게 왼쪽에서 오른쪽으로 올려놓고 정지해 있다. 움직이고 있는 관찰자는 정지해 있는 관찰자가 보기에 위쪽에서 오른쪽으로 철길을 따라 매초 298,000km로 움직이는 지붕 없는 차에 나고 있으며 그의 자도 역시 철길에 평행하게 놓여 있다. 두 관찰자가 모두 그들의 자와 시계로 빛의 속력을 측정하고 그 결과를 기록할 것이다. 그들은 빛이 그들의 자의 한쪽 끝에서 다른 쪽 끝까지 가는데 걸린 시간을 측정하여 빛의 속력을 알아내려고 한다.

두 자의 왼쪽 끝이 정지된 관찰자가 보기에 일치할 때 모두 관찰을 시작하기로 한다. 그 순간에 멀리 떨어진 광원에서 나와 왼쪽에서 오른쪽으로 움직이는 레이저 광선이 일치되어 있는 두 자의 왼쪽 끝을 때리면 두 개의 시계가 작동하기 시작한다. 그러면 두 관찰자가 관측한 레이저 광선의 속력은 얼마일까? 정지한 관찰자는 그의 시계가 1초를 알려줄 때 300,000km 떨어진 광선이 그의 자의 오른쪽 끝에 도달했음을 알게 된다. 그에게는 빛의 속력이 매초 당 300,000km이다. 움직이는 관찰자는 무엇을 발견할까? 그도 역시 그의 자를 따라 가는 광선이 다른 쪽 끝에 도착할 때 그의 시계가 1초를 알린다는 것을 주목하고 그도 자기가 측정한 속력이 매초 당 300,000km의 같은 값으로 관측되어야 한다는 자연의 사실과 정확히 일치한다.

이번에는 정지한 관찰자가 움직이는 관찰자의 모든 행동을 주시하고 움직이는 시계와 자를 계속하여 보고 있기로 하자. 다시 한번 레이저 광선이 두 자의 왼쪽 끝을 동시에 때린 다음 정지되어 있는 시계가 1초가 지나갔음을 가리킬 때 정지된 막대의 오른쪽 끝에 도달한다. 그러나 움직이는 막대의 오른쪽 끝은 298,000km만큼 진행한 것이 아니고 그 거리의 약 10분의 1만큼만 진행했으며 움직이는 시계는 단지 약 10분의 1초만 경과했음을 기록하게 된다.

이와 같이 움직이는 관찰자가 속한 공간-시간 틀에서의 거리와 시간을 정지한 관찰자가 보면 정지한 관찰자가 속한 틀에서 본 것과 같지 않다. 모든 기준틀에서의 거리와 시간은 빛의 속력 같은 값으로 측정되도록 자체적으로 조정되어야 한다. 움직이는 막대는 줄어들고 움직이는 시계는 느려져야 하는데, 여기서는 단지 상대운동만이 문제 되기 때문에 두 관찰자만 관계될 때는 이러한 효과는 완전히 상호적이다. 즉, 각 관찰자는 모두 자기는 정지해 있고 다른 관찰자가 움직인다고 생각해도 좋으며 각 관찰자는 모두 상대 관찰자의 틀이 줄어들고 느려진다고 보는 것이다.

이러한 모든 현상은 진공에서의 빛의 속력이 동일한 직선 위를 서로에 대해 일정한 상대 속력으로 움직이는 모든 관찰자들에게 일정하기 때문이다. 아인슈타인에게 있어서 이 일정함은 공간이나 시간이 모두 절대적인 양이 아님을 뜻했다. 이 두 사건의 거리나 시간 간격은 이 두 사건에 대한 관찰자의 운동 상태에 따라 달라진다.

아인슈타인의 이론을 세우는 데 있어서 중요한 또 하나는 불변의 원리이다. 불변의 원리를 자세히 살펴보면, 한 사건을 공간의 한 점과 특정한 시각에 한 입자가 생기는 것으로 정의하자. 사건을 좀 더 구체적으로 정하자면 그것이 어디서 일어났는지 알아야 하는데, 그것은 장소와 시간을 정히기 위한 좌표계가 있어야 한다. 한 사건은 이와 같이 네 개의 숫자, 즉 세 개의 공간좌표와 그것이 일어나는 시각으로 규정된다. 입자의 운동은 사건들의 모임으로 기술되며, 입자의 궤도는 이 사건들을 연결하는 곡선이다. 그러면 법칙이란, 공간과 시간을 포함하면서 사건들 사이를 관계 짓고 그로부터 입자들의 궤도를 예측할 수 있도록 하는 일반적인 진술이다. 법칙은 구체적인 사건을 다루지 않고 자연의 고유한 성질들만 다루기 때문에 관찰자의 기준틀에 관계없이 모든 관찰자들에게 동일해야 한다. 이것이 불변원리의 핵심이다.

불변에 대한 개념을 더 자세히 설명하기 위해서, 관찰자 중에서 한 사람이 만든 법칙을 살펴보고 나서, 그것을 다른 관찰자의 기준틀을 옮기면 그대로 남아 있는지 또는 변하는지 알아보자. 그것이 그대로 남아 있는 경우에만 진정한 법칙이다. 이것을 더 자세히 설명하면, 첫 번째 관찰자는 이 법칙을 자기 자신의 기준틀, 즉 자기의 네 숫자로 나타낸다. 이 법칙을 두 번째 관찰자의 기준틀에서 표현하려면 관찰자 1의 공간과 시간 좌표를 관찰자 2의 공간과 시간 좌표로 옮겨주는 어떤 수학적 방식이 필요하다. 이 좌표의 변환이 물리학에서 가장 중요한 개념 중의 하나이다.

그런 변환이 꼭 갖추어야 할 것은 한 기준틀에서 관찰된 사건의 세 공간좌표 x, y, z와 시간 좌표 t를 연관 짓는 한 묶음의 대수 방정식들이다. 이러한 변환 방정식의 성질은 공간과 시간의 기하에 따르게 된다, 공간에 대해 어떤 개념을 선택하느냐에 따라 대응하는 한 묶음의 변환도 달라진다. 뉴턴 물리학에서는 공간, 시간 개념이 유클리드적이며 공간과 시간은 절대적이다. 이것은 어떤 관찰자의 운동에 의존하게 된다는 것이다. 이 고정된 틀이 에테르라고 가정되었다. 이러한 가정 아래서 갈릴레오 변환이라고 불리는 변환방정식들은 매우 간단하고 단지 두 관찰자 사이의 상대속력 v 만을 포함한다.

시간은 두 관찰자에게 모두 동일하며 두 관찰자의 상대운동 때문에 같은 사건이 다른 장소에서 나타나므로 사건들의 공간좌표는 변한다. 그렇지만 사건들 사이의 거리는 두 관찰자에게 모두 동일하다는 의미에서 공간도 절대적이다.

빛의 속력이 모든 관찰자에게 동일하다는 실험사실에 기반을 둔 변환방정식들이 유클리드 변환보다 더 복잡하며 속력 v와 함께 빛의 속력 c도 포함한다. 실제로 이 방정식들은 상대성이론의 상징이 되고 물리학의 역사에서 가장 유명한 표현인 $\sqrt{(1 - v^2/c^2)}$ 을 포함하는 특징을 갖는다. 이 변환방정식들은 공간과 시간에 대해 같은 방법으로 적용되며, 따라서 상대론에서는 공간과 시간에 대해 동일한 자격으로 취급되며 공간과 시간 자체만으로는 절대적이지 않은 방법으로 서로 섞인다.

상대론에서는 서로 다른 관찰자는 서로 다른 거리와 서로 다른 시간을 관측한다. 그렇지만 상대론은 우리에게 두 사건 사이의 어떤 특정한 공간거리와 시간 간격의 결합은 모든 관찰자에게 동일함을 가르쳐준다. 이러한 임의의 두 사건 사이의 절대적인 공간-시간 간격의 제곱은 두 사건 사이의 거리 r을 제곱한 것에서 $c^2 t^2$ 을 빼면 얻어진다. 여기서 c는 빛의 속력이고 $t$는 시간간격이다. 이러한 $r^2 - c^2 t^2$ 이 서로에 대하여 일정한 속도로 움직이는 모든 관찰자에게 같은 값으로 나타난다는 의미에서 절대적이다.

모든 관찰자에게 $r^2 - c^2t^2$=일정 이라는 간단한 표현이 특수상대론의 모든 것을 포함하며 뉴턴의 3차원 물리학 대신에 아인슈타인의 4차원 공간-시간 물리학으로 나아가게 한다.

운동방향을 따라 움직이는 막대가 줄어들고, 움직이는 시계가 느려지며, 움직이는 물체의 질량이 증가하고, 에너지와 질량이 같다는 $E = mc^2$ 등과 같이 특수상대성이론에서 나오게 되는 모든 놀라운 결과들은 모두 공간-시간 간격의 제곱이 일정하다는 것으로 추론될 수 있다.

특수상대론은 4차원 공간-시간을 도입하기 때문에 두 인접한 사건 사이의 공간-시간 간격에 의해 결정되는 공간-시간 기하의 본질을 살펴보아야 한다. 뉴턴 물리학에서는 그 기하가 3차원의 유클리드 기하이며 공간적 관계에 의해 완전히 결정되므로 거기에서 시간은 아무런 역할도 하지 않는다. 두 사건 사이의 거리의 제곱, 즉 관찰자의 좌표계에 놓인 사건의 좌표들로 표현되는 $r^2$은 단순히 좌표들의 제곱의 합 $x^2 + y^2 = z^2$로 주어진다. 거리의 제곱에 대한 이 표현이 유클리드 기하의 특징이다. 여기에 $x^2 + y^2 + z^2 - c^2t^2$을 얻으면 특수상대론으로 넘어간다.

사실, 상대성 원리를 최초로 언급한 사람은 뉴턴이었다. 그는 자신이 발견한 운동 법칙의 부가적인 결과로서 "공간 속에서 이루어지는 물체의 운동은 그 공간이 정지해 있건, 또는 균일한 속도로 움직이건 간에 항상 동일하게 나타난다"고 주장하였다. 다시 말해서, 우주선이 우주 공간을 균일한 속도로 비행하고 있을 때 그 속에서 여러 가지 실험을 했다면, 그 실험 결과는 '우주 공간 속에 완전히 정지해 있는 우주선에서 실행한 실험'과 동일하다는 것이다. 이것이 바로 상대성 이론의 핵심이다. 아이디어 자체는 매우 단순해 보이지만, 그 파급 효과는 실로 대단하다.

예를 들어 A가 $x$ 방향으로 등속 운동(속도는 u)을 하면서 자신의 좌표축을 기준으로 P점의 좌표를 측정하여 $x'$ 이라는 값을 얻었다고 하자. 그리고 B는 정지해 있는 좌표계에서 P점의 위치를 측정하여 $x$라는 값을 얻었다고 하자. 여기서, 이들이 세운 두 좌표계 사이의 관계는 아주 간단하다. 시간 t=0일 때 두 좌표계의 원점이 서로 일치했다고 가정하면, 시간이 t 만큼 지난 후에 A의 원점은 ut 만큼 이동했으므로 이들 사이의 관계는 아래와 같다.

$$\begin{aligned} x' &= x - ut \\ y' &= y \\ z' &= z \\ t' &= t \end{aligned} \qquad (4-1)$$

이 좌표변환식을 뉴턴의 법칙에 적용하면 운동 방정식이 B의 좌표계 $(x, y, z)$와 A의 좌표계 $(x', y', z')$에서 동일한 형대임을 알 수 있다. 즉, 뉴턴의 법칙은 정지된 계와 등속으로 움직이는 계에서 똑같이 적용된다. 그래서 A나 B가 어떤 실험을 한다 해도 자신의 좌표계가 등속 운동중인지, 아니면 정지해 있는지를 판별할 수 없다.

상대성의 개념은 역학 분야에서 오래 전부터 사용되어 왔다. 19세기에는 전기와 자기, 그리고 빛의 성질에 관한 연구에 큰 진전을 보이면서 물리 법칙의 상대성에 많은 관심이 모아졌으며, 이 분야에서 이루어진 업적들은 맥스웰이 전자기학을 완성하면서 마무리되었다. 전자기장에 관한 맥스웰의 방정식은 전기와 자기, 그리고 빛의 성질을 하나의 체계 안에서 거의 완벽하게 설명하여 주었다.

그러나 맥스웰의 방정식은 상대성 원리를 따르지 않았다. 위의 변환식을 이용하여 맥스웰 방정식을 변환시키면 그 형태가 달라졌던 것이다. 이것은 곧 "움직이는 우주선 안에서 관측된 전기적, 광학적 현상은 멈춰 있는 우주선 안에서 관측된 결과와 다르다"는 것을 의미했다. 그렇다면, 이러한 성질을 이용하여 우주선의 진짜 속도를 측정할 수 있게 된다. 즉, 어떤 기준계와 비교한 상대적 속도가 아니라, 절대적인 속도를 측정할 수 있다는 뜻이다. 맥스웰의 방정식으로부터 얻어지는 결론 중 하나는 "전자기장에 빛의 발생과 같은 교란이 생기면 전자기파는 모든 방향으로 뻗어 나가고, 그 속력은 항상 $c$(300,000km/s) 일정하다"는 것이었다. 또한, "전자기장을 교란시키는 원인이 움직이고 있다 해도 방출된 빛은 항상 동일한 속력 $c$로 진행한다"고 주장했다.

빛의 속도가 광원의 운동 상태에 상관없이 항상 일정하다는 것을 사실로 받아들이면, 매우 흥미로운 문제들이 벌어진다.

A가 속력 u로 달리는 자동차에 타고 있다고 가정하자. 그런데 A의 뒤쪽에서 다가오던 빛이 어느 순간에 A의 차를 추월했다고 하자. 이때, A가 바라보는 빛의 속도는 얼마나 될까?

식 (4-1)의 첫 번째 식을 미분하면

$$dx'/dt = dx/dt - u$$

가 되는데, 이것은 고전적인 갈릴레이 좌표 변환 식으로서, 이 결과에 의하면 차를 추월하여 지나가는 빛을 차에 타고 있는 사람이 보았을 때 느껴지는 속도는 c가 아니라 c-u가 되어야 한다. 예를 들어, A의 차가 초속 100,000km이라는 엄청난 속도로 달리고 있었다면 A가 바라보는 빛의 속도는 86,000km 정도 밖에 되지 않는다는 것이다.

만일 이것이 사실이라면, 차를 추월하여 지나쳐가는 빛의 속도를 측정함으로써 내 차의 속도를 알 수 있을 것이다. 실제로, 19세기 말엽에 몇 명의 물리학자들은 이 아이디어에 기초하여 지구의 공전 속도를 측정하였다. 그러나 그들 중 어느 누구도 지구의 속도를 결정하지 못했다. 여러 차례에 걸친 실험들이 한결같이 헛수고로 끝난 것이다. 그 이유는 무엇일까? 물리학의 방정식들이 어딘가 잘못되어 있기 때문이었다.

물리학의 방정식을 빛에 적용했더니 엉뚱한 결과가 나왔다. 그렇다면 해결책은 무엇인가? 고전 전자기학을 대표하는 맥스웰 방정식은 갈릴레이식 좌표 변환을 적용했을 때 방정식의 형태가 달라졌으므로, 좌표 변환을 해도 형태가 변하지 않는 새로운 방정식을 찾아야 한다. 물론, 이것은 그다지 어려

운 일이 아니었다. 그런데, 이렇게 찾아낸 방정식에는 이전에
없었던 새로운 항들이 첨가되어 있었고, 그 항으로부터 예견
되는 자연 현상들은 실제로 전혀 존재하지 않았다. 즉, 맥스
웰의 방정식은 애초부터 아무런 문제가 없었던 것이다. 그러
므로 이 모든 사태의 원인은 다른 곳에 있다고 볼 수밖에 없
었다.

그러던 중에, 로렌츠(H. A. Lorentz)라는 물리학자가 매우
놀라운 사실을 발견하였다. 맥스웰 방정식에 다음과 같은 좌
표 변환 공식을 적용하였더니, 방정식의 형태가 전혀 변하지
않았던 것이다.

$$x' = \frac{x - ut}{\sqrt{1 - u^2/c^2}}$$
$$y' = y \qquad\qquad (4-2)$$
$$z' = z$$
$$t' = \frac{t - ux/c^2}{\sqrt{1 - u^2/c^2}}$$

식 (4-2)은 '로렌츠 변환'으로 알려져 있다. 이 변환식
의 물리적 의미를 제일 먼저 알아낸 사람은 푸앵카레였지만,
그것을 하나의 원리로 발전시킨 장본인은 아인슈타인이었다.

그는 "모든 물리 법칙들은 로렌츠 변환하에서 불변이어야
한다"고 주장했다. 다시 말해서 기존의 문제를 해결하기 위
해 맥스웰 방정식을 고쳐야 하는 것이 아니라, 뉴턴 역학을
고쳐야 한다는 것이다. 뉴턴의 운동방정식이 로렌츠 변환하에
서 형태가 유지되려면 어떤 식으로 수정을 가해야 할까? 일

단은 목표가 확실하게 세워졌으므로, 다음 작업은 그리 어려운 일이 아니다. 뉴턴의 운동 방정식에 포함되어 있는 질량 m을

$$m = \frac{m_o}{\sqrt{1 - v^2/c^2}}$$

으로 바꾸어 놓으면 모든 문제가 해결된다.

이렇게 하면 뉴턴의 운동 법칙과 전자기학의 법칙은 매끄럽게 조화를 이루며, A와 B의 측정 결과를 로렌츠의 좌표변환식을 통해 비교했을 때, 둘 중 어느 쪽이 움직이고 있는지를 결코 알아낼 수 없게 된다. 모든 방정식의 형태가 두 좌표계에서 똑같기 때문이다.

길이가 단축된다는 가설이 실험 결과와 일치하려면 식 (4-2)의 네 번째 식을 따라 시간도 변형되어야 한다. 예를 들어, 모든 실험 장치를 달리는 우주선 안에 설치하고 그 안에 동승한 관찰자가 측정했을 때 얻어지는 시간과 우주선 바깥에 있는 정지 상태의 관찰자가 얻은 시간은 서로 다른 값을 갖는다. 우주선에 타고 있는 관찰자는 2L/c라는 값을 얻지만, 바깥에 있는 관찰자가 어는 값은 $(2L/c)\sqrt{1 - u^2/c^2}$가 된다.

다시 말해서, 우주선에 타고 있는 관찰자가 담배에 불을 붙이고 있을 때 바깥의 관찰자가 그 모습을 보았다면, 모든 행동이 실제보다 느리게 진행되는 것처럼 보인다는 뜻이다. 물론 우주선을 타고 있는 관찰자에게는 이런 현상이 전혀 느껴지지 않는다. 그러므로 우리는 운동하는 물체의 길이가 수축

된다는 사실 이외에 "운동하는 시계는 정지 상태에 있을 때 보다 느리게 간다"는 것도 사실로 받아들여야 한다. 속도 u 로 움직이는 우주선 안에서 관찰자가 자신의 시계를 정화하게 1초 동안 바라보았다면, 바깥에 있는 관찰자에게 그 시간은 1초가 아니라 $1/\sqrt{1-u^2/c^2}$ 초가 되는 것이다.

움직이는 좌표계에서 시간이 느리게 가는 현상은 기존의 상식과 지나치게 다르다. 이 현상을 이해하기 위해, 시계가 움직일 때 어떤 현상이 일어나는지 살펴볼 필요가 있다. 이 시계는 간단한 시계인데 다음과 같은 원리로 작동한다. 가느다란 막대의 양 끝에 두 개의 거울이 서로 마주 보고 있고, 그 사이에서 빛이 왕복운동을 하고 있다. 빛이 아래쪽 거울을 때릴 때마다 '째깍' 거리면서 시계가 작동된다. 이제, 똑같은 크기의 시계를 두 개 만들어서 시간을 정확하게 맞춰놓았다면, 이후로 두 시계는 항상 같은 시간을 가리킬 것이다. 거울 사이를 왕복하는 빛의 속도가 항상 c로 일정하기 때문이다. 이제, 두 개의 시계 중 하나를 우주선에 타고 있는 관찰자에게 선물로 기증했다고 하자. 그 사람은 시계를 지탱하는 막대가 우주선의 진행 방향에 수직이 되도록 해놓았다. 따라서 우주선이 움직인다 해도 막대의 길이는 변하지 않는다.

등속으로 움직이는 우주선에 탑재된 시계는, 그 안에 같이 타고 있는 관찰자가 볼 때, 지상에 있을 때처럼 아무런 이상 없이 잘 작동할 것이다. 만일 그렇지 않다면 그는 자신이 타고 있는 우주선이 등속 운동을 하고 있음을 시계를 통해 알 수 있게 되는데, 이것은 상대성 원리에 정면으로 위배된다. 따라서 우주선 안의 시계는 여전히 정상적으로 작동되어야만 한다. 그런데 이 모든 상황을 외부에 있는 관찰자가 보았다면, 거울 사이를 왕복하는 빛의 경로는 수직 방향이 아니라 톱날처럼 지그재그형으로 보일 것이다. 우주선과 함께 시계도 등속 운동을 하고 있기 때문이다. 어떤 주어진 시간 동안 시계 막대의 이동 거리는 우주선의 속도 u에 비례하고 그 시간 동안 빛이 진행한 거리는 c에 비례하며, 두 거울 사이의 수직 거리는 $\sqrt{c^2 - u^2}$에 비례한다.

이는 곧 '움직이는 시계'에서 빛이 거울 사이를 한 번 왕복하는데 걸리는 시간이 '정지해 있는 시계'에서보다 오래 걸린다는 뜻이다. 따라서 우주선 안에 있는 시계는 외부의 관찰자가 볼 때 정상적인 시계보다 느리게 간다. 우주선의 속도 u가 커질수록 그 안에 있는 시계는 더욱 느리게 간다. 이런 현상은 두 개의 거울로 만들어진 특별한 시계에만 적용되는 것이 아니다. 어떠한 원리로 만들어진 어떤 시계이건 간에, 그것이 움직이는 우주선 안에 있기만 하면 한결같이 동일한 정도로 느려진다.

우주선 안에 있는 모든 시계가 한결같이 느려지면 그 안에 타고 있는 사람은 시계가 느리게 간다는 사실을 확인할 방법이 없다. 이것을 확인하려면 어차피 다른 종류의 시계가 또 필요하기 때문이다. 따라서 등속으로 움직이는 우주선 내부에서는 시계만 느리게 가는 것이 아니라 '시간 자체'가 느리게 간다고 보아야 한다. 즉, 우주선 안에서는 사람의 맥박과 사고 작용, 담배에 불을 붙이는데 걸리는 시간, 심지어는 나이를 먹는 속도까지도 모두 느리게 진행된다. 그러나 이 모든 현상들은 느려지는 정도가 모두 똑같기 때문에 우주선의 내부에서는 시간의 지연현상을 전혀 느끼지 못한다. 생물학자나 의사들은 우주선 안에서 암세포의 번식 속도가 느려진다는 사실에 회의를 느낄지도 모른다. 그러나 현대물리학의 관점에서 볼 때 이것은 분명한 사실이다.

운동에 대한 시간의 지연 현상은 뮤-중간자라는 소립자 덕분에 사실임이 확인되었다. 이 입자는 우주 공간에서 우주선(cosmic ray)을 따라 지구로 쏟아져 내리는데, 수명이 아주 짧아서 한 번 생성된 후에 $2.2 \times 10^{-6}$초가 지나면 스스로 분해되어 사라진다. 따라서 뮤-중간자가 거의 광속으로 내달린다고 해도 살아 있는 동안 기껏해야 600m 정도를 갈 수 있을 뿐이다. 그런데 거의 10km 상공에서 생성된 뮤-중간자가 지표면까지 내려와서 입자감지기에 도달하는 경우가 종종 있다. 이런 일이 어떻게 가능한 것일까? 해답은 바로 시간 팽창에 있다. 뮤-중간자는 자신이 느낄 때 $2.2 \times 10^{-6}$초 밖에 살지 못하지만, 지표면으로 접근하는 속도가 거의 광속에 가깝기 때문에 우리가 느끼는 뮤-중간자의 수명은 훨씬 더 길어진다. 그 길어지는 정도는 뮤-중간자의 속도를 u라고 했을 때 $\dfrac{1}{\sqrt{1-u^2/c^2}}$ 에 비례하며, 이렇게 얻은 값은 관측 결과와 아주 정확하게 일치한다.

우리는 뮤-중간자가 붕괴되는 이유도 모르고, 내부 구조에 대해서도 아는 것이 없다. 그러나 뮤-중간자 역시 상대성 원리를 따른다는 사실만은 분명하다. 우리가 알고 있는 우주의 피조물 중에서 이 원리로부터 자유로운 존재는 아직까지 단 한 번도 발견되지 않았다. 그리고 상대성 원리를 적용함으로써 많은 사실들을 새롭게 알게 되었다. 예를 들어, 뮤-중간자의 특성을 전혀 모르는 상태에서도 이 입자의 '늘어난' 수명을 계산할 수 있다. 뮤-중간자의 이동 속도가 광속의 0.9배라면 늘어난 수명은 $(2.2 \times 10^{-6})/\sqrt{1 - 9^2/10^2}$ 초이며, 이 값은 관측 결과와 정확히 일치한다.

여기서 정지된 좌표계 $(x, y, z, t)$와 움직이는 좌표계 $(x', y', z', t')$사이의 관계를 좀더 구체적으로 알아보자. 앞으로의 편의를 위하여 정지 좌표계를 S계, 또는 B의 좌표계라 부르고, 이동 좌표계는 $S'$계, 또는 A의 좌표계라 부르기도 하자. 식 (4-2)의 첫 번째 식은 운동 방향으로 물체의 길이가 줄어든다는 로렌츠의 가설에 기초를 두고 있다. $x$방향을 따라 움직이고 있는 $S'$계에서, A가 특정 지점까지의 거리를 1m 짜리 자로 측정한다고 가정해 보자. A는 자신의 자를 $x'$번 옮기면 자의 끝이 정확하게 P점에 도달한다는 사실을 확인하고, P점까지의 거리가 $x'$이라는 결론을 내렸다. 그러나, S계에 있는 B의 관점에서 보면 A가 사용하는 자는 길이가 이미 줄어들어 있기 때문에, 이것을 고려한 진짜 거리는 $x'$m가 아니라 $x'\sqrt{1 - u^2/v^2}$m로 보일 것이다. 그러므로 $S'$계가 S계

로부터 ut 만큼 이동했다면 S계에 있는 B는 P점까지의 거리
가 $x = x'\sqrt{1 - u^2/c^2} + ut$ 라고 주장할 것이다. 즉,
$x' = \dfrac{x - ut}{\sqrt{1 - u^2/c^2}}$ 의 관계가 성립하며, 이것이 로렌츠 변환의
첫 번째 식에 해당된다.

이와 비슷한 방법으로, 로렌츠 변환의 네 번째 식, 즉 시간
의 변환에 대해 생각해보자. 이 식에서 가장 눈에 띄는 부분
은 분자에 있는 $ux/c^2$ 이다. 대체 이런 항이 왜 들어 있으며,
그 의미는 무엇인가? 서로 다른 장소에서 발생한 두 사건이
S계에서 볼 때 동시였다 해도 $S'$계에서는 그렇지 않음을 알
수 있다. 시간 $t_o$ 일 때 위치 $x_1$ 에서 하나의 사건이 발생하고,
같은 시간에 동시에 $x_2$ 에서 또 하나의 사건이 발생했다고 가
정해 보자. 그런데, 두 사건이 일어난 시간을 $S'$계에서 측정
하여 $t'_1$과 $t'_2$을 얻었다면, $t'_2 - t'_1$은 일반적으로 0이 아니라
다음과 같은 값을 갖는다,

$$t'_2 - t'_1 = \dfrac{u(x_1 - x_2)/c^2}{\sqrt{1 - u^2/c^2}}$$

이것이 소위 말하는 '동시성의 붕괴' 현상인데, 좀더 깊은
이해를 위해 다음과 같은 실험을 생각해 보자.

등속으로 움직이고 있는 우주선($S'$계) 안에 사람이 타고
있다. 이 사람은 우주선의 양 끝에 걸어놓은 두 개의 시계를
정확하게 일치시키라는 명령을 받았다. 어떻게 해야 할까? 방
법은 여러 가지가 있다. 한 가지 방법은 두 시계의 중간 지점

에 광원을 설치해 놓고 어느 순간에 스위치를 올리는 것이다. 그러면 광원을 출발한 빛이 두 시계에 동시에 도달하게 되고, 시계에 달려 있는 광 센서가 작동하면서 두 시계는 정확히 동시에 0시 00분으로 세팅될 수 있을 것이다.

우주선의 승무원은 이런 식으로 두 시계를 맞춰놓고 임무가 완료되었음을 본부에 타전하였다. 두 개의 시계는 같은 시간을 가리킬까? 이 모든 상황을 우주선의 바깥에 있는 S계에서 다시 한번 바라보자. 광원의 스위치를 올려서 빛이 시계를 향하여 나아가는 것은 이전과 동일하다. 그러나 우주선의 선단에 걸려있는 시계는 지금 우주선과 함께 등속 운동을 하고 있다. 다시 말해서, 이 시계는 빛으로부터 도망가고 있는 것이다. 물론, 우주선의 속도는 빛의 속도보다 느릴 것이므로 언젠가는 빛이 시계에 도달하겠지만, 그때까지 소요되는 시간은 우주선이 정지해 있을 때보다 분명히 길어진다. 그리고 반대편에 걸려 있는 시계는 빛을 마중을 나오고 있으므로 빛이 도달할 때까지 걸리는 시간이 짧아진다. 그러므로 $S'$계에서 동시에 일어난 사건이라 해도, S계에서는 전혀 동시가 아닌 것이다.

로렌츠 변환을 고려했을 때 고전 역학의 법칙이 어떻게 변하는지를 생각해 보자. 뉴턴의 운동 방정식에 상대론적 질량을 대입시키면 어떤 파급 효과가 나타날까? 힘은 시간에 대한 운동량의 변화이다.

$$F = d(mv)/dt$$

상대성이론에서도 운동량은 여전히 mv이다. 그러나 질량 m

은 더 이상 보존되지 않고 물체의 속도 v에 따라 변한다. 그러므로 상대론적 운동량은 다음과 같이 표현된다.

$$p = mv = \frac{m_o v}{\sqrt{1 - v^2/c^2}} \quad (4\text{-}3)$$

이것이 바로 뉴턴 법칙의 아인슈타인 버전이다. 이렇게 수정을 가하면 뉴턴의 운동량 보존 법칙은 여전히 성립한다. 즉, 질량을 불변량으로 취급한 상태에서 운동량 보존을 주장했던 뉴턴의 역학은 엄밀한 의미에서 볼 때 잘못된 역학이었다. 운동량을 식 (4-3)의 형태로 정의해야 운동량 보존 법칙이 제대로 맞아 들어가는 것이다.

물체의 속도에 따라 운동량이 어떻게 변하는지 알아보자. 뉴턴 역학에서 운동량은 물체의 속도에 정비례하는 양이었다. 그런데 식 (4-3)에 주어진 상대론적 운동량은 전혀 그렇지가 않다. 물체의 속도 v가 광속에 비해 아주 느릴 때에는 분모가 거의 1에 가까워서 뉴턴이 역학이 맞는 것처럼 보이지만, v가 c에 근접하면 분모가 0에 가까워져서 운동량 자체는 거의 무한대가 된다.

한 물체에 아주 긴 시간 동안 꾸준하게 힘을 가하면 어떤 일이 일어날 것인가? 뉴턴의 역학에 의하면 속도가 꾸준히 증가하여 결국에는 빛의 속도를 추월하게 된다. 그러나 상대론적 역학에서는 이런 일은 절대로 발생하지 않는다. 물체에 힘을 가하면 속도가 증가하고, 속도가 증가하면 질량도 따라서 증가하기 때문에 시간이 흐를수록 물체의 가속도는 작아지게 된다. 그러다가 물체의 속도가 거의 광속 c에 가까워지면 질량은 거의 무한대가 되어 더 이상 물체를 가속시키는 것이 불가능해진다.

물리학 실험실에서 초고속으로 가속된 전자의 경로를 인위적으로 바꿀 때, 뉴턴의 역학으로 계산한 결과보다 무려 2,000배나 큰 힘을 가해야 한다. 다시 말하자면, 입자 가속기 안에서 가속되고 있는 전자의 질량이 정지 상태의 질량보다 2,000배나 크다는 뜻이다. 이 정도면 양성자보다 무겁다. 질량 m이 정지질량 $m_o$보다 2,000배 까지 커지려면 $1 - v^2/c^2$이 1/4000000 쯤 되어야 하는데, 이렇게 되려면 전자의 속도는 빛 속도의 0.9999999배가 되어야 한다. 전자를 계속해서 가속시키면 질량은 한없이 늘어나지만 전자의 속도는 결코 광속을 초과하지 못한다.

상대론적 질량의 변화에 대하여 좀더 생각해 보자. 여기 기체가 들어 있는 조그만 탱크가 있다. 기체의 온도를 높이면 기체 분자의 운동 속도가 증가하게 되고, 그에 따라 분자의 질량도 증가하여 기체 전체의 무게도 증가한다. 분자의 속도가 c보다 많이 느린 경우, 질량 증가에 관한 공식은 이항 정리를 이용한 근사식

$$m_o/\sqrt{1 - v^2/c^2} = m_o(1 - v^2/c^2)^{-1/2}$$

로 대치시켜 다음과 같이 쓸 수 있다.

$$m_o(1 - v^2/c^2)^{-1/2} = m_o(1 + \frac{1}{2}v^2/c^2 + \frac{3}{8}v^4/c^4 + \cdots)$$

v가 작으면 위 식의 우변은 매우 **빠른** 속도로 수렴하여 처음

2~3개의 항만 취해도 거의 정확한 결과를 얻을 수 있다. 따라서

$$m \cong m_o + \frac{1}{2} m_o v^2 (\frac{1}{c^2}) \qquad (4\text{-}4)$$

이 된다. 여기서, 우변의 두 번째 항은 분자의 속도가 빨라지면서 늘어난 질량을 나타낸다. 분자의 운동 속도는 온도의 제곱근에 비례하므로, 질량은 온도에 직접 비례하는 셈이다. 그런데, $\frac{1}{2} m_o v^2$는 뉴턴 역학에서 말하는 운동 에너지에 해당되므로, 결국 질량의 증가량은 운동 에너지의 증가량을 $c^2$으로 나눈 것과 같다고 볼 수 있다.

아인슈타인은 지금까지의 논리를 바탕으로, 질량을 표현하는 아주 단순하면서도 심오한 관계식을 발견하였다. 상대론적 질량은

$$m = \frac{m_o}{\sqrt{1 - v^2/c^2}} \qquad (4\text{-}5)$$

으로 표현할 수 있지만, 전체 에너지를 $c^2$으로 나눈 값을 질량으로 놓으면 모든 것이 잘 맞아 떨어진다. 식 (4-4)의 양변에 $c^2$을 곱하면

$$mc^2 = m_o c^2 + \frac{1}{2} m_o v^2 + \cdots$$

이 되는데, 여기서 좌변은 물체가 갖고 있는 전체 에너지이며 우변의 두 번째 항은 운동에너지이다. 아인슈타인은 좌변의 첫 번째 항 $m_o c^2$을 물체 고유의 정지에너지라고 해석하였다.

"물체의 에너지는 항상 $mc^2$이다" 라는 아인슈타인의 주장으로부터, 속도에 따른 질량의 변환식 (4-5)를 증명해 보자. 먼저, 정지해 있는 질량 $m_o$의 물체에서 시작하자. 이 물체에 힘을 가하면 움직이기 시작하면서 운동에너지가 생긴다. 다시 말해서, 에너지가 증가했기 때문에 질량이 증가하는 것이다. 힘을 계속 가해주면 에너지와 질량도 계속해서 증가할 것이다. 시간에 대한 에너지의 변화율은 힘에 속도를 곱한 것과 같다.

$$\frac{dE}{dt} = \vec{F} \cdot \vec{v}$$

또한 $F = d(mv)/dt$이므로, 이 관계를 이용하면

$$\frac{d(mc^2)}{dt} = \vec{v} \cdot \frac{d(\vec{mv})}{dt}$$

를 얻는다. 이제, 이 방정식을 풀어서 m을 구하고자 한다. 양변에 2m을 곱하면

$$c^2(2m)\frac{dm}{dt} = 2mv\frac{d(mv)}{dt} \quad (4\text{-}6)$$

가 되고, 이 식의 양변을 적분하면 미분 기호가 사라지면서 m을 구할 수 있게 된다. 적분을 간단히 하기 위해 위의 식을 조금 고쳐서 써보자. $(2m)dm/dt$는 시간에 대한 $m^2$의 미분과 같고, $(2\vec{mv}) \cdot d(\vec{mv})/dt$는 시간에 대한 $(mv)^2$과 같다. 따라서 식 (4-6)은 다음과 같이 쓸 수 있다.

$$c^2\frac{d(m^2)}{dt} = \frac{d(m^2v^2)}{dt}$$

두 양을 미분한 것이 서로 같다는 것은 이 두 개의 양이 아무리 달라봐야 상수만큼의 차이 밖에 나지 않는다는 뜻이다. 이 상수를 C라고 하면

$$m^2 c^2 = m^2 v^2 + C \quad (4\text{-}7)$$

를 얻는다. 이제 상수 C의 값을 결정하면 된다. 식 (4-7)은 v 값에 상관없이 항상 성립해야 하므로, v=0인 경우를 대입하면

$$m_o^2 c^2 = 0 + C$$

가 되어, $C = m_o^2 c^2$으로 결정된다. 따라서 식 (4-7)은

$$m^2 c^2 = m^2 v^2 + m_o^2 c^2$$

이 된다. 이제 양변을 $c^2$으로 나누고 약간의 이동을 거치면

$$m^2 (1 - v^2/c^2) = m_o^2$$

이 되며, 이로부터

$$m = m_o / \sqrt{1 - v^2/c^2}$$

을 얻는다. 이는 식 (4-5)과 정확하게 일치한다.

일상적인 경우에, 에너지의 변화로 야기되는 질량의 변화는 극히 미미하여 우리의 눈에는 거의 감지되지 않는다. 그러나, TNT 20,000톤급의 원자폭탄이 폭발한 후에 찌꺼기로 남은 반은 물질의 질량은 폭발 전의 질량과 비교할 때 불과 1그램이 모자랄 뿐이다. 즉, 1 그램의 질량이 $\Delta E = \Delta (mc^2)$를 통해 에너지로 변환되면, 그것이 곧 원자폭탄의 위력을 발휘한다는 뜻이다. 질량-에너지의 등가 원리는 입자들이 수시로 소멸되는 실험실에서도 완벽하게 입증되었다. 정지 질량이 $m_o$인 전

자와 양전자를 서로 가까이 접근시키면 어느 순간에 갑자기 붕괴되면서 두 줄기의 감마선이 방출되는데, 각각에 담긴 에너지는 $m_o c^2$로서, 아인슈타인의 예견과 정확하게 일치한다. 이로부터 우리는 정지해 있는 물체들도 에너지를 가지고 있음을 알 수 있다.

## 40. 일반상대성이론


아인슈타인이 특수상대론에 관한 논문을 발표한지 10년이 지난 후인 1916년에 일반상대론에 관한 그의 논문이 베를린 학술원 논문집에 실렸다. 아인슈타인은 물리학 법칙의 통합을 추구하고 있었으며 그의 불변원리가 이것을 이루게 해주리라고 보았다. 모든 법칙은 그들의 기준틀에 관계없이 모든 관찰자에게 동일한 성질을 가져야만 된다. 즉, 법칙은 그 법칙을 이용하여 관찰자가 자신의 운동 상태를 결정하도록 해서는 안 된다. 그러나 아인슈타인은 특수상대성이론으로는 이것을 이루지 못했다. 그것은 특수상대론이 소위 관성 기준계의 관찰자에게만 적용되기 때문이다.

즉, 특수상대성이론은 자연법칙을 표현하는 데 있어서 자연적으로 관성 기준틀만 선택하게 된다. 이렇게 법칙을 식으로 나타내는데 이용되는 좌표계의 종류를 관성계로만 제한하는 것은, 아인슈타인이 생각한 대로, 그의 이론의 결함이었다. 그는 어떻게 움직이든지 상관없이, 즉 균일한 상태에 있든지 또는 가속되는지, 모든 좌표계가 동등하게 보일 것이라고 확신했다. 이것은 누구든지 자기 기준틀 안이나 밖에서 어떤 법칙을 적용하더라도 자기의 운동 상태를 결정할 수는 없어야 함을 말한다.

일반상대성 이론을 수립하면서, 아인슈타인은 갈릴레오가 처음 발견했던 것처럼 지구의 중력장 영향 하에서 같은 높이로부터 자유로이 떨어지는 물체는 모두 질량에 관계없이 같은 가속도를 갖고 떨어진다는 일반적인 관찰로부터 시작했다. 그는 또한 가속된 기준틀에 속한 모든 물체는 그들의 질량에 관계없이 가속도에 똑같이 반응한다는 것에 유의했다. 이 두 가지 관찰로부터 그는 물리학에서 가장 놀라운 원리 중의 하나인 관성힘은 중력과 구별할 수 없다는 동등원리를 제안하였다. 이 원리는 관성힘을 관찰하거나 감지함으로써 자기의 운동 상태를 결정할 수는 없다는 것을 말하기 때문에 일반상대론의 기본이 된다.

아인슈타인은 일반상대론에 있어서 엘리베이터 사고실험을 하였다. 이 사고실험에서 아인슈타인은 처음에는 지상에 매달려 있는 엘리베이터 안에 들어 있는 관찰자를 상상했다. 그 관찰자가 수행하는 중력에 대한 모든 실험은 엘리베이터 밖의 지상에 있는 관찰자가 실험한 것과 정확히 일치한다. 그러므로 엔리베이터 속의 관찰자는 밖의 관찰자와 마찬가지로 그가 중력이라고 부르는 밑으로 향하는 힘이 엘리베이터 속의 모든 물체를 마룻바닥 쪽으로 잡아당기고 있다는 것을 알고 있다.

이와 같은 경우를 같은 관찰자가 타고 있는 엘리베이터를 갑자기 지구나 또는 무거운 물체로부터 멀리 떨어진 곳으로 옮겨놓은 다음 그 엘리베이터가 마룻바닥에서 천장방향으로 $9.8m/s^2$으로 일정하게 가속되고 있을 때 얻어지는 관찰과 결론을 비교하기로 한다.

이 관찰자는 모든 물체들이 여전히 그의 엘리베이터가 지구에서 매달려 있을 때와 마찬가지로 행동하는 것을 발견하게 될 것이다. 그래서 시종일관된 입장을 지키려면, 그는 여전히 엘리베이터는 고정되어 있고 엘리베이터 안의 물체들이 중력의 힘에 의해 아래로 잡아당겨진다고 결론지을 것이다. 이것이 동등원리가 갖는 물리적인 중대성이다. 동등원리는 가속되고 있는 기준틀의 가속도에 의한 효과가 중력장 안에서 정지해 있거나 일정한 속도로 움직이는 틀에 대해 중력이 만들어주는 효과와 정확히 같은 경우에는 그 효과가 가속되고 있는 기준틀 안에 있다고 결론지을 수 있게 해준다. 이와 같이 동등원리는 가속운동이 가속되지 않는 운동과 구별될 수 없다는 아인슈타인의 주장을 지지한다. 가속에 의해 만들어지는 관성힘은 중력에 의해 만들어진 것과 같으며, 따라서 관찰자가 그의 기준틀 좌표계 안의 물체들을 관찰하는 것으로는 그가 중력장 안에서 정지해 있든지 또는 빈 공간에서 일정한 가속도로 움직이는지 알지 못한다. 가속과 정지 상태는 구별할 수 없다. 이것은 관찰자가 물체들의 동역학이나 운동학을 관찰하든지 또는 빛의 전파를 관찰하든지 마찬가지로 성립하는데, 이것이 아인슈타인으로 하여금 중력장 아래서의 빛의 행동에 관한 매우 중요한 추론에 이르게 한다.

만일 빛줄기가 가속되고 있는 엘리베이터 안에서 그 가속도에 수직 한 방향으로 지나간다면, 이 빛줄기는 마룻바닥이 빛줄기 쪽으로 가속 운동하여 움직이므로 바로 물질 입자와 같이 엘리베이터의 마룻바닥 쪽으로 떨어지는 것처럼 보인다. 동등원리는 가속의 효과와 중력의 효과는 서로 구별될 수가 없다는 것이므로, 아인슈타인은 물질 입자가 중력장에서 떨어지는 것과 똑같이 빛줄기도 중력장에서 떨어질 것이라고 예언하였다. 이 예언은 1919년 개기일식이 일어날 때 먼 곳에 있는 별에서 나온 빛줄기가 태양에 아주 가까이 지나칠 때 태양 쪽으로 떨어지는 것이 관찰됨으로써 완전히 확인되었다.

일반상대론은 4차원 시공간에 기반을 둔다는 점에서 특수상대론을 내포하지만, 일반상대론이 이용하는 기하는 비유클리드적이라는 점에서 특수상대론과 구별된다. 일반상대론의 이 비유클리드적 측면이 아인슈타인의 중력이론을 포함하게 하여 일반상대론으로 인도한다.

중력이 어떻게 비유클리드 공간 시간과 연관되는지 보기 위하여, 아인슈타인이 생각했던 엘리베이터와 동등원리로 돌아가서 지구 쪽으로 자유롭게 떨어지는 엘리베이터를 상상해 보기로 한다.

엘리베이터 속에서 관찰자를 포함한 모든 것들은 정확히 같은 속력으로 떨어지면 엘리베이터를 가로질러 던져진 물체는 떨어지는 관찰자가 보면 정확히 직선을 따라 움직인다. 그러면 이 관찰자에게는 엘리베이터를 가로질러 던져진 물체는 직선을 따라서 움직이는 것이 아니고 포물선을 그리며 움직인다. 엘리베이터 속의 관찰자에게는 중력이 존재하지 않지만, 엘리베이터 밖의 관찰자에게는 중력이 존재한다.

이렇게 모순되는 두 관점이 어떻게 받아들여 질 수 있는가? 이것은 중력은 한 기준틀에서 다른 기준틀로 옮기면 변화하기 때문에 아무런 절대적 의미를 갖지 못하므로 중력이라는 개념을 완전히 제거하고 위의 생각을 결합시켜 뉴턴의 운동 법칙을 개조하는 것이었다. 그는 중력장에서 움직이는 물체에 대한 뉴턴의 제1법칙을 다시 해석하고 물체들은 중력장 안에 있건 그렇지 않건 간에 항상 직선을 따라서 움직인다고 말함으로써 이 일을 해결했다. 그러나 이 말은 유클리드적 의미에서 똑바르지 않은 선들도 포함이 되도록 직선의 개념을 다시 정의하는 것을 뜻한다. 아인슈타인은 직선에 대한 새로운 정의로 다음과 같이 말했다. 공간-시간의 기하가 어떤 선이 직선인지 아닌지를 결정하며 그래서 기하는 공간에 질량이 존재하느냐 존재하지 않느냐에 따라 유클리드 적일 수도 있고 또는 비유클리드적일 수도 있다. 만일 아무 질량도 존재하지 않는다면, 공간 시간은 유클리드적이지만 질량을 가져오면 공간 시간은 비유클리드적이 된다. 아인슈타인에 의하면 질량이 존재할 때 중력의 개념은 굴곡된 비유클리드적 공간 시간 곡률을 따라가기 때문이다. 이러한 운동은 비유클리드 기하에서 특정 지어진 가장 짧은 결로를 따라가기 때문에 직선운동이다.

공간 시간의 비유클리드 기하의 직접적 결과인 아인슈타인의 중력법칙은 검증된 많은 놀라운 예언을 하면서 뉴턴의 중력을 수정했다. 그것은 태양 가까이 지나가는 빛줄기의 경로가 앞에서 말한 것처럼 구부러진다고 예언했다. 그것은 또한 태양 주위를 회전하는 행성의 궤도자체가 행성의 운동 방향으로 회전한다고 예언했다. 이 현상은 "행성의 근일점 운동" 이라 불리는데 실제로 관측되었다.

일반상대론으로부터 나오는 모든 효과는 별과 같이 무거운 물체에 의해 만들어지는 공간 시간의 비유클리드 기하로부터 추론될 수 있다. 그러한 물체 가까이에서는 시간이 천천히 흐른다. 이와 비슷하게 별의 중력장의 지름 방향으로 놓인 막대는 줄어든다.

일반상대성이론은 뉴턴의 중력이론으로는 가능하지 않았던 우주론에서 성공을 거두었다. 아인슈타인은 1916년 그의 중력이론을 전 우주에 적용하여 우주에 대한 정적 모형을 추론했다. 아인슈타인을 뒤이은 다른 우주론자들은 아인슈타인의 이론에 의해 팽창이론도 포함하는 정적이지 않은 우주 모형들에 이를 수 있음을 보였다.

상대성이론은 서로 다른 좌표계에서 관측한 위치와 시간의 상호 관계가 우리의 직관과 다르다는 사실을 분명하게 확인시켜 주었다. 로렌츠 변환식에 함축되어 있는 시간과 공간 사이의 관계는 상대성의 세계로 늘어가는 가장 중요한 열쇠이기 때문이다.

정지해 있는 관측자의 좌표계 $(x, y, z, t)$와 속도 u로 움직이고 있는 관측자의 좌표계 $(x', y', z', t')$사이의 관계를 말해주는 로렌츠 좌표 변환 식은 다음과 같다.

$$x' = \frac{x - ut}{\sqrt{1 - v^2/c^2}} \qquad \text{(5-1)}$$
$$y' = y$$
$$z' = z$$
$$t' = \frac{1 - ux/c^2}{\sqrt{1 - u^2/c^2}}$$

원점을 중심으로 회전시킨 좌표계와 원래 좌표계 사이의 관계를 서술한 식은 아래와 같다.

$$x' = x\cos\theta + y\sin\theta \qquad \text{(5-2)}$$
$$y' = y\cos\theta - x\cos\theta$$
$$z' = z$$

여기서, $\theta$는 $x$축과 $x'$축 사이의 각도이다. 위의 식을 자세히 보면, 프라임이 붙어 있는 양과 프라임이 붙어 있지 않은 양들이 혼합된 형태로 되어 있다. 즉, 회전을 통해 새롭게 만들어진 $x'$은 $x$하고만 관계되는 것이 아니라 $x, y$ 모두와 관련되어 있는 것이다. 이런 성질은 $y'$도 마찬가지이다.

회전 변환과 로렌츠 변환 사이의 유사점을 살펴보면 무언가 유용한 정보를 얻을 수 있을 것 같다. 우리는 사물을 바라보면서 '폭'과 '깊이'라는 개념으로 대략적인 크기를 가늠한다. 3차원 공간에서는 여기에 '높이'가 추가된다. 그러나 동일한 물체를 다른 각도에서 바라보면 폭과 깊이는 얼마든지 달라질 수 있기 때문에, 이들이 사물의 본질이라고 할 수는 없다. 이럴 때 우리는 달라진 폭과 깊이를 원래의 폭과 깊이, 그리고 돌아간 각도로부터 계산하는 공식을 찾는 것이 상책이며, 식 (5-2)는 바로 그런 역할을 하고 있다. 만일 사물을 바라보는 각도를 바꿀 수가 없다면 우리는 항상 고정된 방향에서 한 가지 모습밖에 볼 수 없을 것이고, 좌표의 변환은 고려할 필요조차 없게 된다.

그렇다면 로렌츠 변환도 이런 맥락으로 이해할 수 있다. 여기에도 좌표가 혼합되는 현상이 존재한다. 로렌츠 변환을 가하면 시간과 공간이 섞이면서 나타나는 것이다. 다시 말해서, 한 사람이 측정한 공간상의 거리에는 다른 사람이 측정한 공간과 시간이 섞여 있다. 여러 좌표가 섞여서 나타나는 유사성으로부터, 시공간의 본질을 이해할 수 있다. 임의의 물체가 갖고 있는 진정한 폭과 깊이는 우리의 눈에 보이는 것과는 다르다. 물체의 폭과 깊이는 바라보는 각도에 따라 달라지기 때문이다. 관측 지점을 옮기면 우리의 두뇌는 눈에 보이는 폭과 깊이로부터 실제의 크기를 재빠르게 계산한다. 그러나 우리는 빛의 속도에 견줄 만한 빠르기로 운동하는 일이 거의 없기 때문에, 움직이면서 느껴지는 거리와 시간으로부터 실제의 거리와 시간을 다시 계산하지는 않는다. 이것은 마치 보는 각도를 고정한 채로 물체를 바라보는 상황과 비슷하다.

시공간을 다른 각도에서 바라보려면 엄청난 빠르기로 움직여야 하는데, 일상적인 생활에서는 그럴 만한 기회가 없기 때문이다. 만일 우리가 빛과 거의 비슷한 빠르기로 움직일 수 있다면, 다른 사람의 시간을 뒤쪽에서 바라볼 수 있을 것이다.

그러므로 우리는 보통 사물을 이런저런 각도에서 둘러보듯이, 시간과 공간을 여러 각도에서 바라볼 수 있는 새로운 세

215

상을 머릿속에 떠올려야 한다. 예를 들어, 어떤 물체가 특정 시간 동안 공간상의 한 지점을 차지하고 있다면, 이 상황은 새로운 세상에서 하나의 덩어리로 표현될 수 있다. 그리고 관측자의 운동 속도가 변하면 그는 이 덩어리를 다른 각도에서 바라보게 된다. 공간상의 특정 위치와 특정 시간 간격을 하나의 기하학적 덩어리로 나타내는 이 세계의 이름이 바로 '시공간(space-time)'이다. 따라서 시공간이란 단순히 시간과 공간을 줄여서 부르는 말이 아니라, 로렌츠 변환을 만족하는 최소한의 좌표들로 구성된 전혀 새로운 공간을 의미한다. 그리고 시공간상의 한 좌표 $(x, y, z, t)$는 '사건(event)'이라고 부른다.

종이 위에 수평 방향으로 $x$축을 그리고, 이를 기준으로 $y, z$축도 서로 수직하게 그려 보자. 그러면, 움직이는 입자는 이 좌표축 상에서 어떻게 표현될 것인가? 만일 입자가 완전히 정지해 있다면 입자의 $x$좌표는 시간 t가 아무리 흘러도 변하지 않을 것이므로 t축에 평행한 직선으로 표현될 것이다. 반면에, 이 입자가 등속으로 움직이고 있다면 시간이 흐를수록 $x$값도 증가할 것이므로 사선으로 나타날 것이다.

빛의 경로는 어떻게 될 것인가? 빛은 언제나 c라는 속도로 전달되기 때문에, 시공간에서는 고정된 기울기를 갖는 직선으로 표현된다.

지금까지 서술한 시공간 좌표계를 배경으로, 한 가지 사건을 서술해보자. 특정 방향으로 움직이던 입자가 위치 x, 시간 t에 갑자기 두 개의 조각으로 분리되어 각기 다른 방향, 다른 속도로 진행하고 있다. 이 사건을 다른 관점에서 바라본다면, 원래의 좌표를 회전시켜서 얻은 새로운 좌표에서 서술해야 할 것이다.

시공간은 기존의 유클리드 기하학으로 표현될 수 없지만, 약간의 이질감을 감수한다면 기하학적인 이해를 도모할 수 있다. 시공간을 표현하는 기하학적 좌표계가 정말로 존재한다면, 그것은 곧 좌표계와 무관하게 항상 같은 값을 갖는 함수가 존재한다는 뜻이다. 예를 들어, 통상적인 공간 좌표에서 임의의 점 하나를 정해놓고 원점을 중심으로 좌표축을 회전시키면, 그 점의 좌표값은 변하겠지만 원점에서 그 점까지의 거리는 변하지 않는다. 즉, '두 점 사이의 거리'는 좌표의 회전에 대하여 불변량이라는 뜻이다. 원점과 임의의 점 $(x, y, z)$ 사이의 거리는 $x^2 + y^2 + z^2$이다. 그렇다면, 시공간의 좌표에서도 이런 불변량이 존재할 것인가? 물론 존재한다. 약간의 계산을 해보면 $c^2 t^2 - x^2 - y^2 - z^2$이 불변량임을 쉽게 알 수 있는데, 이 값은 로렌츠 변환을 가해도 변하지 않는다.

$$c^2 t'^2 - x'^2 - y'^2 - z'^2 = c^2 t^2 - x^2 - y^2 - z^2 \qquad (5\text{-}3)$$

이 값은 3차원 공간 좌표에서 말하는 '거리'에 해당되며, 시공간에서는 '간격(interval)'이라고 부른다. 여기서 간격이라 함은 시공간에 있는 두 점(사건) 사이의 간격을 의미하는데, 식 (5-3)은 두 점 중 하나가 원점에 있는 경우의 간격을 표현한 것이다.

이제, 여기서 상수 c를 제거해 보자. $x, y, z$로 이루어진 공간 좌표계에서는 두 개의 축을 맞바꿀 수도 있기 때문에 좌표축의 단위를 바꾸는 번거로운 작업을 할 필요가 없었다. 만일, 어떤 초심자가 물체의 폭과 깊이를 다른 단위로 측정했다면 식 (5-2) 와 같은 변환을 적용할 때 엄청나게 복잡하고 번거로운 과정을 거쳐야 한다. 이것은 어느 모로 보나 비효율적인 발상이므로, 좌표축의 눈금은 가능한 한 같은 단위로 통일시키는 것이 좋다. 식 (5-1)과 (5-3)을 보면, 시간과 공간은 $x$와 $y$처럼 동등한 자격을 갖고 있다.

좌표를 회전시켰을 때 $x$의 일부가 새로운 $y$로 섞여 들어가듯이, 로렌츠 변환하에서 시간은 공간으로, 공간은 시간으로 섞여 들어간다. 그러므로 시간과 공간은 같은 단위로 서술되는 것이 편리하다. 그렇다면 1초는 몇 미터인가? 식 (5-3)을 주의 깊게 들여다보면 답을 알 수 있다. 1초의 시간에 해당하는 거리란, 빛이 1초 동안 진행하는 거리, 즉 $3 \times 10^8 m$가 된다는 뜻이다. 이렇게 하면 방정식은 좀 더 간단한 형태가 될 것이다. 시간과 공간의 단위를 일치시키는 방법은 이것 말고도 또 있다. 1m를 시간의 단위로 환산하는 것이다. 빛이 1m를 진행하는 데 걸리는 시간은 $\frac{1}{3} \times 10^{-8}$초, 또는 10억 분의 3초이다. 이들 중 어떤 단위를 쓰건, 시간과 공간의 단위를 하나로 통일시키면 c=1이 되어 로렌츠 변환식이 조금 간단해진다. 그 결과는 다음과 같다.

$$x' = \frac{1 - ut}{\sqrt{1 - u^2}} \qquad (5\text{-}4)$$
$$y' = y$$
$$z' = z$$
$$t' = \frac{t - ux}{\sqrt{1 - u^2}}$$

$$t'^2 - x'^2 - y'^2 - z'^2 = t^2 - x^2 - y^2 - z^2 \qquad (5\text{-}5)$$

엄청나게 큰 상수인 c를 1로 놓고서도 올바른 결과를 얻을 수 있다.

시공간과 보통 공간 사이의 다른 점을 잘 살펴보면 아주 흥미로운 사실을 알 수 있다. 또한, 간격과 거리 사이의 관계 속에도 재미있는 성질이 숨겨져 있다. 식 (5-5)에서 시간 t=0 로 놓으면 간격의 제곱이 음수가 되어 '허수 간격'이라는 다소 황당한 결과가 얻어진다. 그러나 상대성 이론에서 간격 은 얼마든지 허수가 될 수 있다. 그리고 거리의 제곱은 항상 양수이지만, 간격의 제곱은 양수도 음수도 될 수 있다. 시공 간에서 두 점 사이의 간격이 허수인 경우, 두 점 사이의 간격 은 '공간적(space-like)'이라고 말한다. 이런 간격은 시간보 다 공간적인 성실이 디 강하기 때문이다. 반면에, 두 물체가 공간상 같은 지점에 있고 시간 좌표만 다르다면, 시간 간격의 제곱은 양수이고 거리상의 간격은 0이 되어 시공간에서의 간 격은 양수가 된다. 이런 경우에 두 물체는 '시간적 (time-like)' 간격을 갖고 있다고 한다.

일반상대론의 재미있는 하나의 예는 중력 렌즈 효과이다. 이는 거대한 타원 은하나 태양 등 대질량인 물질의 강한 중력으로 인해 그 저편에 있는 천체로부터의 광선이 굴절되는 효과를 말한다. 강한 중력장은 주위의 공간을 휘어지게 만드는데 그때 생기는 곡면의 측지선에 따라 빛은 휘어지며 이동하게 된다. 이때 은하에서 온 빛이 중력장에서 중력 렌즈 효과로 휘어짐으로써 생기는 각에 의해 실제 은하의 위치가 각 변위만큼 이동되어 관측된다. 그리고 이때 빛의 속도는 자유 공간에서의 이동 속도보다 느려지게 된다. 즉 중력이 빛의 속도를 느리게 할 수 있다는 것을 이 사실로부터 알 수 있다. 아인슈타인은 상대성 이론으로 이 효과를 예측했는데, 이 현상이 실제로 천문학자들에 의해 관측됨에 따라 그의 이론은 기반이 더욱 단단해졌다

지은이 정태성

미국 캘리포니아대학 물리학 박사
스위스 제네바대학 박사후연구원
한신대학교 교수(2008~현재)

저서:
Quantum Mechanics, Classical Mechanics, 우주의 기원과 진화, 과학의 위대
한 순간들, 뉴턴과 근대과학 탄생의 비밀, 대학물리학, 대학물리학실험, 노벨
상 나와라 뚝딱, 삶에는 답이 없다, 행복한 책 읽기, 행복은 여기에, 시는 내
게로 다가와, 도덕경의 이해, 장자의 이해, 노벨 문학상을 읽으며, 보다 나은
자아를 위하여, 과학 그 너머, 과학으로의 산책, 길을 찾아서, 고전과 더불어,
한국교회 박해의 역사, 과학의 선구자들, 길은 어디에, 부모님 전상서, 중용
과 더불어, 과학으로의 여행, 물리로 보는 세계, 절망의 자아를 딛고 서서,
짐노페디를 듣는 이유, 삶이 말해주는 것들, 오늘 행복하자, 영화가 말해주는
것들, 너에게 보내는 편지, 영어 고급 Vocaburary 연습 1, 2, 그대는 얼마나
오랫동안 불행 속에 있었나, 친구에게, 너는 아프지 않았으면 좋겠다, 별을
가슴에 묻고, 내가 옳지 않을 수 있으니, 영자신문으로 영어공부하기, 물리학
으로의 초대, 위대한 과학자의 발자취를 따라서, 삶에 대한 단상, 나에게 이
르는 길, 물리학의 숲에서, 영어 어휘력 연습, 명상을 하면서 깨달은 것들,
니체를 읽으며, 행복에 대한 소망, 혼자도 두렵지 않다, 위대한 물리학자들

시집:
뒤, 있음, 없음, 버림, 앎, 받아들임, 맡김, 떠남, 잃음, 슬퍼도 슬퍼하지 않는
다, 별이 되어 만날까, 무명, 무한의 끝에서, 파랑, 밤하늘의 별

물리학의 숲에서

초판 1쇄 발행 2023년 5월 25일
초판 3쇄 발행 2023년 6월 30일

지은이  정태성
펴낸이  도서출판 코스모스
펴낸곳  도서출판 코스모스
주소 충북 청주시 서원구 신율로 13
전화 043-234-7027
팩스 050-7535-7027

ISBN 979-11-91926-56-9

값 12,000원